과학을 아우르는 스토리텔링

과학을 아우르는 스토리텔링

랜디 올슨 지음 | 윤용아 옮김

"우리에겐 서사가 있어"

할리우드로 간 과학자가 들려주는
지루하지 않은 과학을 위한 스토리텔링 가이드

북스힐

차례

III 반정립 087

IV 종합 213

부록

서문

과학에도
이야기가 필요한 이유

과학의 세계에도 이야기가 풍성하다. 과학적 연구나 해설은 모두 이야기다. 하지만 과학자들에게 이야기의 영향력이나 구성방법 등을 교육하거나 권장하는 곳이 없다. 과학계는 현재 허위 긍정에 대한 내부적 문제와 과학을 불신하는 외부적 문제에 봉착해있다. 도움이 시급한데 도움을 줄 수 있는 인문학자들은 그들만의 문제에 파묻혀있거나 문제에 대한 현실감이 부족하다. 나는 과학계가 한 세기 동안이나 서사를 연구하고 적용해온 할리우드의 시나리오 작가나 영화감독, 배우, 편집자 같은 베테랑들을 붙들고 매달려야 한다고 주장해왔다. 서사는 모든 인간사를 품고 있다. 과학자들은 과학이 서사에 근거를 두고 있으며, 서사는 이야기이고 그래서 과학도 이야기가 필요하다는 사실을 자각해야만 한다.

서론

누구나 재밌는 스토리텔링을 하기 원한다.
지루한 스토리텔링을 하고 싶은 사람은 아마 한 명도 없을 것이다.
학술지도, 과학자도, 연구원도, 기자도, 모두
재밌는 이야기를 하기 원한다. 하지만 좋은 이야기는
자칫하면 나쁜 것이 되기도 한다.

1

'과학자는 재미없다'는 오명

휴스턴, 우리에겐 서사가 있어

"1,000명의 열정적인 청중과 어떻게 소통할 예정이야?"

친구인 메건이 2013년에 샌디에이고 해양과학세미나에 나를 패널로 초대했을 때였다. 나는 과학자였다가 영화감독이 되었고, 지금은 과학자들이 대중과 효과적으로 소통할 수 있도록 돕는 일을 하고 있다. 그녀의 흥분이 느껴졌다. 열정적인 청중에게 커뮤니케이션과 스토리텔링을 강연할 좋은 기회였다. 나쁘지 않은 제안이었기 때문에 나는 흔쾌히 수락했다.

여름이 다 가도록 신경 쓰지 않고 있다가 행사 6주 전에 문득 이 강연과 관련된 웹 사이트를 들여다봤다. 나도 잘 아는 16살이나 손위인 두 분의 패널이 더 있다는 것을 알게 되었는데, 중요한 것은 그 두 분은 해수면 상승에 관한 세계적 권위자이시고 난 그 분야를 전혀 모른다는 사실이었다. 더욱이 '해수면 상승에 대한 대응'이란 패널의 제목을 보니 거기에 과연 영화감독이 된 과학자가 끼어들 자리나 있을까 걱정이 됐다. 행사의 제목이 마치 '두 명의 위대한 과학자(와 한 아저씨)'같다는 생각이 들었다.

난 혼잣말로 지껄였다. "문제가 생겼어, 휴스턴."

메건에게 전화해서 굳이 나를 낯선 분야의 패널로 배정한 이유가 있냐고 물었다. 그녀가 답했다. "당연하지. 두 분이 너랑 같이하고 싶어서 안달이 나셨어. 당신들 발표에 너의 스토리텔링 기법을 활용하고 싶다고 하셨다고."

한동안 통화한 후 난 그녀의 의중을 파악했고 기분이 가히 나쁘지 않았다. 내 저서와 워크숍을 활용해 더 좋은 스토리텔링 기법을 알려줄 수 있는 절호의 기회니까!

두 분에게 내 아이디어에 대한 이메일을 보냈다. 난 과학적 요소들을 이야기로 엮어 각각의 패널에게 분량을 할당했다. 완벽했다! 그분들이 답신을 보내기 전까지만 해도…….

저항은 즉각적이었다. 한 분은 자신의 발표자료는 준비됐으며 그 자료를 이미 일 년 넘게 활용해왔는데 반응도 너무 좋다는 의견을 전달했고, 다른 한 분은 당시 유럽에 계셨는데 지금 뭘 바꾸고 할 시간적 여유가 없다고 하셨다.

난 대부분 무료해지는 발표를 팀으로 진행하면 활기찬 에너지를 더할 수 있다고 말씀드렸다. 두 분은 '무료해지는 발표'라는 나의 표현을 매우 거북해하셨다. 두 분이 68세와 70세이신 걸 얘기했던가?

”그런 건 필요 없을 것 같네.”라고 한 분이 답메일을 보내왔다. 난 그냥 무시했다. 늘 하던 대로 열정에 사로잡혀 내 생각을 밀어붙였다. 그러자 진심이 수면 위로 올라오기 시작했다.

“이봐! 우리 둘 다 강연을 잘하기로 정평이 나 있다고! 우리가 그렇게 한가한 사람들로 보이나? 그냥 하던 대로 해도 무난하니 없던 얘기로 하자고.”

나도 가만있지 않았다. “무난 이상이 되어야지요. 서사의 힘을 활용하면 우린 더 높은 경지에 도달할 수 있고 청중의 기억에 각인되는 발표를 할 수 있다고요!”

“그러니까 그게 어떻게 가능한지 알 수가 없다고.” 그분이 다시 답했다. “계속 돌아가면서 얘기하자고 하는데 그럼 우린 일어섰다, 앉았다 서로 부딪히다 엉망이 될 거라고.”

다시 내가 답했다. “제발 저를 좀 믿어보세요. 청중이 우리 팀의 에너지를 좋아할 거에요. 우리가 서로 소통하고 있는 것으로 보일 테니까요.”

그렇게 몇 번의 이메일이 오가다가 결국 한 분이 이렇게 말씀하셨다. “이봐, 랜디. 우린 이런 강연을 무수히 해봐서 누구보다 잘 안다고. 자네가 주장하는 방식은 굳이 필요 없겠네.”

자각의 순간이었다.

과학자나 행정가나 학생이나, 발표는 지극히 사적인 영역이다. 강연자의 존재와 속내를 모두 드러내는 일이기 때문이다. 요즘의 TED Technology, Entertainment, Design 강연자들은 친구와 가족, 그리고 지인을 총동원해 발표자료를 갈고 다듬는다. 나를 발표에 개입시키는 것은 나를 당신들의 집으로 초

대해 속옷이 들어있는 장롱을 정리해달라고 하는 것과 마찬가지였던 것이었다.

나는 한계를 느꼈고, 이내 활화산이 터질 것임을 예상했다. 왜냐하면 난 그분들이 얼마나 헛된 고민을 하는지 알려드릴 계획이었으니까. 반발이 없도록 아예 폭탄을 날려버리기로 작정했다.

난 거들먹거리는 뉘앙스로 이렇게 답했다. "우리 중 한 사람만 20년이 넘는 매스컴 경력이 있습니다……." 전송을 하고 나니 곧 들이닥칠 미사일 폭격이 눈앞에 그려졌다. 내 예상은 적중했지만, 그 폭격은 짧고 굵었다.

> "랜디……. 우리가 우습게 보이나? 행사 자체가 무산되기 전에 자네 자신부터 한번 돌아보는 건 어때?"

사실 이것보다 더 심한 말도 있었다. 난 모니터를 들여다보며 한숨을 내쉬었다. 그리고 이 정도 했으면 충분하다고 생각했다. 나는 더 답을 하지 않고 머리를 식히러 조깅을 나갔다.

그리고 나의 행동을 돌아봤다. 두 분은 지식의 상징이며 나보다 훨씬 더 현실을 꿰뚫고 있는 분들인데 내가 그런 분들의 현실적인 세상을 서사의 세상으로 뜯어고치려 했으니…….

달에 갔던 아폴로 13호 우주선에서 발생한 상징적 멘트에서 나의 주장을 확인할 수 있다. 1970년, 우주선 안의 산소탱크가 폭발하자 탑승자 중 한 명인 잭 스위거트Jack Swigert가 했던 말이다. "여기 문제가 있었어, 휴스턴." 하지만 25년 이후 이 소재로 제작된 영화에서 그의 역할을 맡은 톰 행크스Tom

Hanks는 그 말을 "문제가 생겼어, 휴스턴."으로 바꿔 말했다.

왜 그랬을까? 두 가지 이유가 있었다. 할리우드 영화인들은 간략한 문장으로 대중에게 더 강하게(과거형보다 현재형이 더 다급한 느낌을 준다) 다가갈 수 있게 바꾼 것이다. 정보는 정확하지만, 우리가 실제로 사는 서사의 세계에 더 걸맞게 말이다.

하지만 이러한 문서편집은 과학자들을 불안하게 만든다. 그들은 있는 그대로의 정보를 전달하기 원하며 그래도 대중이 모두 이해할 거라는 야무진 꿈을 꾼다. 관찰한 사실 그대로를 수정 없이 전달하기 원하는 것이다. 그들은 수정이 위험하다고 생각한다. 때로는 수정이 잘못된 정보를 전달하거나 심하게는 대중을 기만할 수도 있는 위험부담이 있는 건 사실이다.

그러나 문제는 관찰한 사실을 그대로 전달하기가 어려운 데 있다. 노벨상 수상자인 피터 메다워P. B. Medawar가 1960년대에 발표한 글, 〈과학 논문은 사기인가?Is the Scientific Paper a Fraud?〉에서 언급했던 것처럼 그는 논문작성에 포함되는 '수정' 과정에 대해 고민이 많았다. 수정은 과학자들이 논문편집과정에서 매번 하는 일이다.

지난 세기 내내 인정해온 과정임에도 불구하고 정작 과학자들이 그것에 대한 인식이 부족한 것은 정말 이상한 일이다. 이런 인식의 부재에 대해 실험한 것을 공유하겠다.

소개, 방법, 결과 및 토론에 대하여

과학자들에게 특정 첫머리 글자acronym의 의미에 대해 알고 있는지 질문하고 싶다. 이 첫머리 글자는 거의 모든 과학 논문이 관습처럼 따르는 서사적 구조를 뒷받침하는 것이다. 이것은 마치 운전면허증처럼 과학자들의 삶에 핵심적인 요소다.

미국농업경제학회American Society of Agronomy의 연례모임에서 800명이 넘는 과학자들에게 강연할 때 나는 그 '첫머리 글자'가 적힌 슬라이드를 가리키면서 의미를 아는 분은 손을 들어보라고 얘기했다.

아무도 손을 들지 않았다. 나는 싱긋 웃으면서 후세대를 위한 기록을 위해 휴대전화로 이 광경을 촬영했다. 거기 많이 있었을 나를 불신하는 과학자들을 포함해서 말이다.

나는 다음 질문을 이어갔다. "이 중에 몇 분이나 소개(Introduction), 방법(Methods), 결과(Result) 그리고(And) 토론(Discussion)으로 구성된 IMRAD 논문을 보셨나요?" '결과'란 단어를 꺼내기도 전에 여기저기서 "장난해요?"란 말이 터져 나왔다.

그들은 소개, 방법, 결과, 그리고 토론으로 구성된 수백, 수천, 아니 수만 개도 넘는 논문을 읽어봤다. 차후에 설명하겠지만 이것은 이미 수 세기 전부터 과학 논문의 가장 효율적인 표준구성으로 다듬어져 왔다. 이 구성은 간단명료하며 동시대 영화시나리오나 희곡의 바탕을 이루는 3막 구조와 근본적으로 같다. 발단(소개), 전개(방법과 결과), 그리고 결말(토론)로 구성되는 이야

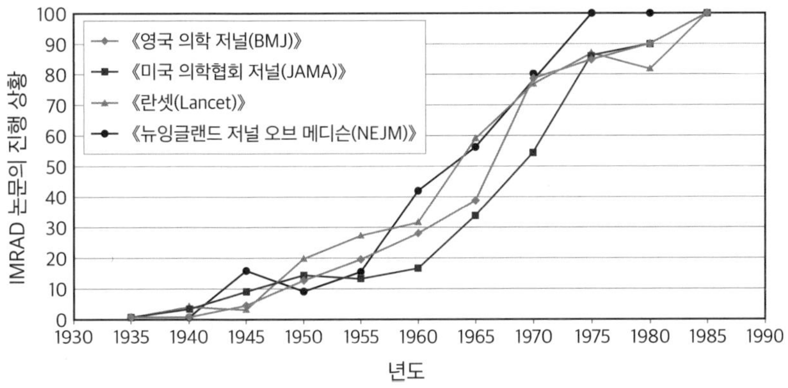

그림 1 임상의학 분야에서 점진적으로 IMRAD 양식을 채택한 상황을 보여주는 그래프. 이것이 좋다는 것은 이제 모두가 알고 있다. 하지만 전 세계 상위 네 개의 의료저널이 IMRAD 형식을 완전히 채택하기까지 얼마나 많은 시간이 걸렸는지 보시라. 2004년도 솔라씨(Sollaci)와 페레이라(Pereira)의 논문으로부터.

기의 구조와 같다는 얘기다.

그런데도 손을 든 사람은 한 명도 없었다. 하지만 항상 예외는 있다는 걸 입증하듯 내가 다시 질문할 때 왼쪽 끝에서 손이 하나 올라왔다. 주변 사람들이 모두 그를 가리키며 "여기 한 명 있어요!"라고 말했다.

나는 그를 지목했다. 그는《과학 논문 쓰기: 인용지수가 높고 연구비 지원이 가능한 제안의 작성방법 Writing Science Papers: How to Write Papers That Get Cited and Proposals That Get Funded》이라는 인기 있는 저서를 집필한 조쉬 시멜 Josh Schimel 이었고, IMRAD가 무엇을 의미하는지 당연히 알았다. 그의 저서 한 부분이 전부 이에 관한 내용이기 때문이다. 하지만 손을 든 사람은 그 혼자뿐이었다.

나는 존스 홉킨스 베이뷰 메디컬 센터에서 같은 질문을 해봤다. 결과는 같았다. 손 든 사람은 한 명도 없었다. 나는 모든 과학자 친구들에게도 같은 질문을 해봤다. IMRAD의 역사와 영향력, 그리고 획일성에 대한 문학적 설명이 충분히 있음에도 불구하고 아무도 그것을 알지 못했다. 20년 동안 과학자로 지내온 나도 논문구성에 대한 이런 공식적인 양식이 존재한다는 사실을 최근에야 알았으니까.

IMRAD: 그래서 뭐?

과학자들이 자기 논문구성에 대한 첫머리 글자의 의미도 몰랐다고 치자. IMRAD의 의미를 알아야만 그것을 사용할 수 있는 건 아니니까. 하지만 중요한 것은 이 현상이 의미하는 바다. 과학은 사실상 서사의 구성과 진행을 따르는 분야다. 하지만 과학자들은 서사의 중요성을 깨닫지 못하고 그것을 활용하려는 노력도 기울이지 않는다.

서사의 중요성이 대두되었더라면 모든 과학강좌의 첫 강의에서 "과학은 철저히 서사의 법칙을 따르는 분야여서 우리는 모든 과학도에게 IMRAD라는 양식을 따르라고 권고합니다."라는 얘기가 나왔을 것이다. 또는 "서사와 이야기는 거의 같습니다. 과학자들은 이미 100년 전부터 이야기가 과학의 핵심적 요소라는 것을 인정했기 때문에 이야기에 대해 어떤 두려움도 가질 필요가 없습니다."라고 말했을 것이다(이 부분은 내가 11장에서 언급한 '이야기 공포증'을 이해하는 데 도움이 될 것이다). 하지만 현실에서 이런 일은 절대 일어나지 않는다.

과학계가 서사의 유용성을 인지하지 못하는 게 큰 문젠가? 당연히 그렇다. 너무도 많은 문제가 발생한다.

문제 1

과장의 제국

이 책이 말하는 서사와 그 효과에 대한 이해도의 부족을 지칭하기 위해 나는 '서사적 결핍'이란 단어를 사용할 것이다. 서사의 결핍은 배관공이나 항공 교통관제사 등에겐 아무런 문제가 되지 않는다. 하지만 과학은 서사 그 자체다. 서사를 이해하지 못하면 과학도 완전히 이해하지 못한다는 뜻이다. 이런 문제는 아주 흔히 찾아볼 수 있다.

과학은 크게 연구와 그것을 전달하기 위한 커뮤니케이션, 이렇게 두 가지 주요 요소로 나뉜다. 그런데 이 두 요소 모두 서사의 결핍으로 인해 피해를 받는다.

과학연구엔 딱 두 가지 결과만 존재한다. 뚜렷하거나(패턴이 보이는 경우) 그렇지 않거나(패턴이 안 보이는 경우). 뚜렷한 결과는 재밌는 스토리텔링과도 같지만, 그렇지 않은 결과는 하품 나오는 지루한 스토리텔링과 같다.

누구나 재밌는 스토리텔링을 하기 원한다. 지루한 스토리텔링을 하고 싶은 사람은 아마 한 명도 없을 것이다. 학술지도, 과학자도, 연구원도, 기자도, 모두 재밌는 이야기를 하기 원한다. 하지만 좋은 이야기는 자칫하면 나쁜 것이 되기도 한다.

2014년도에 페트로크 섬너Petroc Sumner와 그의 동료들은 이 문제에 관한 보건 과학계의 심각성을 입증했다. 그들은 영국의 주요 20개 대학의 생물 의학 보도자료와 그것의 기초가 된 연구 논문들을 비교 조사했다. 그 결과 보도자료의 40%는 과장된 조언을, 33%는 과장된 인과관계를, 36%는 과장된 추론을 담고 있는 것으로 나타났다. 사실보다 훨씬 더 크고 흥미로운 이야기로 이어질 수 있는 과장이었다. 이야기가 아무리 재미있어도 진실만을 추구하는 과학계에선 있을 수 없는 일이다.

바로 이 지점이 내가 이 책을 통해 주장하고자 하는 것을 명확히 하는 부분이다. 어떻게 하면 좋은 이야기를 만들어 낼 수 있는지에 대한 이해는 모든 과학자에게 필수적인 요소임엔 틀림없다. 나의 제시는 당신이 그 목표를 달성하는 것을 돕기 위한 것이다. 하지만 그것은 당신이 '좋은' 이야기만 해야 한다는 의미는 아니다.

흥미로운 스토리텔링에만 심취하다 보면 '허위 긍정'이 불쑥 끼어들기 마련이다. 즉 실존하지 않는 패턴을 만들어내는 것이다. 예를 들어 당신이 아이스크림이 암을 유발하는 원인이 된다는 허위 긍정의 결과를 세상에 발표했다고 가정해보자. 아마 당신은 세상 모든 신문의 머리기사에 오르게 될 것이다. 당신의 논문을 게재한 학술지, 당신의 대학 동문들, 당신의 기사를 쓴 기자 할 것 없이 모두가 흥분할 것이다. 그 결과가 매혹적인 만큼 당신의 경력을 강화할 것이다. 하지만 그것이 진실이 아니라면? 그것이 허위 긍정이고 아이스크림이 암 유발의 원인이 아니라면?

그런데 만약 당신의 연구가 처음부터 아이스크림은 암을 유발하지 않는다고 결론 내렸다면 모든 언론은 "도대체 뭐지?"라는 썰렁한 반응을 보였을 것이다.

우습게 들릴 테지만 이것이 세계과학계의 현주소다. 허위 긍정의 확산은 과학계의 중대한 우려이며 특정 분야에서는 이미 통제 불능의 상태다. 생명의학 분야도 이것이 얼마나 심각한 문제인지 인식하고 있다. 생명의학 분야의 허위 긍정 확산에 대한 기록으로 유명해진 스탠퍼드대학교의 의사, 존 이오아니디스John Ioannidis는 2013년도에 "통계적으로 유효한 의학 연구의 대부분은 허위 긍정이거나 대체로 과장되었다."라고 발표했다. "일부분"이 아니라 "대다수"라고 한 것에 주목하기 바란다.

비슷한 맥락에서, 내가 최근에 대화를 나눴던 한 저명한 유전학자는 "요즘 《사이언스Science》나 《네이처Nature》지에 실린 내 분야의 논문들 대부분이 과장되어 있다."라고 고백했다.

버클리대학교의 랜디 셰크먼Randy Schekman 교수는 2013년도 노벨상 수상소감에서 자신과 자신의 연구원들은 세계적으로 저명한 과학 학술지인 《사이언스》나 《네이처》, 《셀Cell》지에 다시는 논문을 투고하지 않겠다고 공표했다. 이 학술지들의 선정기준이 내용의 충실함에 대한 '온건함'보다는 얼마나 흥미롭고 큰 이야기를 하는가에 대한 '특별함'에 맞춰져 있기 때문이라고 했다.

허위 긍정의 확산은 과연 재앙인가? 반드시 그렇지만은 않을 것이다. 하지만 그것은 분명히 심각한 문제이고 이 책의 집필 과정에서 대화를 나눴던 모든 과학자는 이구동성으로 그것이 점점 더 확대되고 있다고 말했다.

과학자들은 점점 더 큰 머리기사에 집착하고 학술지들은 큰 머리기사를 끌어내지 못하는 논문에 관심을 보이지 않는다는 것이 명백한 사실이다. 애니 프랭코Annie Franco와 그의 동료는 2014년에 '사회과학의 출판편향: 문서 서랍의 잠금을 풀다Publication Bias in the Social Sciences: Unlocking the File Drawer'라는 제목의 논문을《사이언스》지에 실었다. 그들은 적어도 한 개 이상의 학문 분야에서 별 특징이 없는, 즉 두드러지지 않는 논문에 대한 차별이 얼마나 크고 심각한지를 보여줬다. 그들은 사회과학 분야의 경우 뚜렷한 결과가 없는 논문의 게재율이 40%나 낮다는 사실을 발견했고 투고논문의 60%는 소위 '문서 서랍'이라고 부르는 곳에 방치되는 것으로 해석했다.

결론은 두드러지는 연구들은 큰 이야기를 만들어내며 학술지에 게재가 되고 그렇지 않은 연구들은 작은 이야기를 만들어내며 게재율이 낮아진다는 것이다. 이것이 바로 이야기를 어떻게 만들어내는지에 대한 서사의 효과라고 할 수 있다.

우리는 모두 과학의 세계가 정확하기를 기대하지만, 불행히도 '과학 문학'은 현저히 긍정적인 결과에 대한 매력과 그렇지 않은 결과에 대한 차별 때문에 정확성에서 멀어지게 된다. ('과학 문학'의 두 번째 단어인 '문학'에 주목하기 바란다.)

문제 2

무감각증

과학의 다른 이면, 즉 연구에 관한 대중과의 소통이 원활하지 못한 것은 고질적인 문제다. 과학자들은 점점 더 무감각해지는 대중에게 다가가기 위해 몸부림친다. 하지만 그들은 의사소통을 잘 못하기로 유명하다. 나는 이 문제를 2009년에 집필한 저서 《말문 트인 과학자Don't Be Such a Scientist: Talking Substance in an Age of Style》를 통해 언급하며 정보 위주의 자료에 대한 소통의 어려움에 대해 말했다. 이 저서는 코넬리아 딘Cornelia Dean이 집필한 《제가 명확히 전달하고 있나요?Am I Making Myself Clear?》나 낸시 바론Nancy Baron이 집필한 《상아탑에서의 탈출Escape from the Ivory Tower》 그리고 크리스 무니Chris Mooney와 셰릴 커셴바움Sheril Kirshenbaum이 집필한 《과학적이지 못한 아메리카Unscientific America》 등 유사한 내용의 다른 저서들과 함께 호평을 받았다. 과학계는 "우리도 이미 알고 있고 개선 중이다."라는 반응을 보였다.

커뮤니케이션의 부족은 학생들이 과학강좌를 들으며 지루해하거나 혹은 기후학이나 진화, 또는 예방접종 정책과 같은 분야에서 반과학적 움직임에 대

그림 2 서사 스펙트럼. 서사가 부족하면 지루하고 과도하면 혼란스럽다. 하지만 효과적인 커뮤니케이션을 위한 서사의 최적 수위는 있다.

한 무능한 대처 등의 폐단을 만들어낸다.

우리는 커뮤니케이션의 문제를 서사의 구성 측면에서 분석적으로 바라볼 수 있다. 이 부분에 대해선 차후에 더 자세히 언급하기에 지금은 간략히 설명하도록 하겠다. 커뮤니케이션에는 서사의 최적 수위가 존재한다. 집중할 수 있을 만큼의 이야기 짜임새는 필요하지만, 너무 복잡하면 오히려 혼란스러워진다.

할리우드의 영화에도 이러한 최적 수위가 존재한다. 얼마 전 큰 성공을 거뒀던 〈그래비티Gravity〉 같은 영화를 예로 들어보자. 이 영화엔 샌드라 블록Sandra Bullock이 연기한 라이언 스톤이라는 한 명의 주인공이 등장하고, 우주의 파편들이 그녀의 우주선을 훼손한다는 하나의 사건과 살아서 집에 돌아가야 한다는 명확한 목적이 존재한다. 15가지 이야기가 한꺼번에 펼쳐지거나 하지 않는다. 기본적인 요소들은 간단하지만, 그녀의 단순한 역경을 통해 많은 복잡한 이야기들이 파생된다. 이러한 역학은 과학적 연구와 과학 커뮤니케이션에도 이상적이다.

그림 2는 이 논리를 스펙트럼의 형태로 보여준다. 어떤 사람들은 얘기하고자 하는 것에 대한 충분한 서사적 요소를 갖고 있지 않아 듣는 사람들이 쉽게 지루해진다. 어떤 사람들은 한꺼번에 많은 이야기를 해서 따라가기가 힘들고 혼란스럽다. 그리고 또 어떤 사람들은 적당한 서사에 대한 타고난 감각이 있다. 그런 직관을 할리우드에선 "이야기 센스"라고 말한다. 우리의 목적을 위해서 나는 그것을 "서사적 직관"이라 명명하겠다. 이런 직관의 계발이 과학계의 궁극적인 목표여야만 한다.

나는 《말문 트인 과학자》의 가장 중요한 장에 "'그런' 과학자는 되지 마세요!"라는 제목을 달았다. 과학 커뮤니케이션의 문제들을 해결하기 위해 서사를 활용해야 한다는 큰 방향으로 그 책을 마쳤지만 나 역시 많은 서사 작업의 경험이 없던 상태였기 때문에 세세한 조언을 하지는 못했다.

나는 그 부분에 대한 대책 마련 워크숍을 설계했고 노련한 배우이자 친구인 도리 바톤Dorie Barton과 브라이언 팔레르모Brian Palermo를 동원했다. 이후 4년간 우리는 다양한 과학 및 환경 단체에 '커넥션 스토리메이커Connection Storymaker'란 명칭의 워크숍을 실시했고, 2013년에 그것을 토대로 한 저서, 《커넥션: 할리우드 스토리텔링과 비판적 사고의 만남Connection: Hollywood Storytelling Meets Critical Thinking》이 출판되었다. 그 워크숍이 내가 지금 이 책을 통해 제시하는 구체적인 도구와 제언의 틀이 되었다.

나의 전반적인 결론은 과학 세계가 어차피 서사에 흠뻑 젖어 있으면서도 그것의 힘과 중요성을 너무 망각하고 있다는 것이다. 이것은 변해야만 한다. 그리고 나는 누가 그 변화를 가능하게 할 지식을 가졌는지 잘 알고 있다.

할리우드:
과학의 구원자?

수많은 과학자가 이 제목을 읽으며 터져 나오는 웃음을 꾹꾹 참고 있을 것이다. 어쩌면 당신도 그들 중 하나일 수 있다.

과학계는 일반적으로 할리우드를 우습게 여긴다. 과학자들은 진실을 최고의 가치로 여기지만 할리우드는 그것을 흥미의 부가물로 생각한다. 동시대 최고의 시나리오 작가로 평가받는 아론 소킨Aaron Sorkin은 이러한 할리우드의 전반적인 태도를 언급했다. 그는 자신이 집필한 영화 〈소셜 네트워크The Social Network〉에 대해 "나는 진실보다 스토리텔링에 충실하길 원했다."고 말했고 그것은 마치 전 영화업계를 대변하는 것 같았다.

정말 적절한 문구다. 그러나 과학계는 아마 이 말에 치를 떨거나 분노할 거라고 장담한다.

배우이자 감독인 벤 애플렉Ben Affleck은 자신이 감독한 영화, 〈아르고 Argo〉를 옹호하고자 아론 소킨의 언급에 대해 〈아르고〉는 역사적 사건에 배경을 두고 있기에 '진실의 영혼'을 담고 있다고 말했다. 진실이면 진실이고 거짓이면 거짓이지 진실의 영혼이란 게 도대체 어디 있다는 말인가? 할리우드란 참!

나는 과학자들의 반응에 공감할 수 있다. 나 역시 과학자였기 때문이다. 내 뇌의 49%는 아직도 과학자로 프로그래밍 되어있기 때문에 그들의 고충을 잘 안다. 그렇지만 세상은 급변하고 있다…….

과학은 이제 할리우드의 도움이 필요하다. 그저 관객을 자극하기 위해 정직한 과학자들의 연구를 왜곡해가며 현란한 액션 영화를 만드는 능력을 의미하는 게 아니다. 그렇다고 과학계가 할리우드에 사활을 걸라는 얘기도 아니고 어차피 멍청한 영화는 그리 쓸모가 있는 것도 아니다.

나는 그보다 더 심오한 것을 얘기하고자 한다. 할리우드의 상품 자체가 아니라 그 상품을 내놓기까지의 과정을 살펴보자는 얘기다. 그것이 바로 서사의 힘이기 때문이다. 할리우드는 서사가 현실에서 어떻게 작용하는지를 너무나 잘 알고 있다. 많은 인문학자들이 할리우드의 서사 이론을 씹어댈 수 있지만, 그들 대부분은 우리 삶에 실질적으로 적용되는 기초적 서사 원리조차 캐내지 못한다. 할리우드 영화인들이야말로 지난 한 세기 동안 서사의 코드를 밝혀낸 사람들이며 그 원동력은 자본이었다. 과학은 그들의 도움이 절실하다.

영화 〈양들의 침묵〉의 관점에서 한번 생각해보자. FBI 요원, 클라리스 스털링으로 분한 과학은 철통보안된 감옥의 어둡고 긴 복도를 천천히, 그리고 신중하게 걸어가야 할 필요가 있다. 감금된 한니발 렉터로 분한 할리우드는 마스크를 통해 보이는 광기 서린 눈알을 좌우로 굴리며 클라리스를 쳐다본다. 클라리스는 렉터를 경멸할 수 있지만 사실상 그의 도움이 절실하다. 그녀는 렉터가 가진 지식이 없기 때문이다. 편견을 버려야 할 때가 온 것이다. 해답이 어디서 오는가가 중요한 것이 아니라 문제해결이 훨씬 더 중요한 과제다.

이것이 바로 지난 40여 년간의 여정을 통한 나의 결론이다. 나는 과학자로 출발해 해양과학 전공교수로 정년보장도 받았다. 하지만 난 한순간에 모든 걸 뒤집어버렸다. 할리우드로 갔고, 영화과에 입학했고, 영화계에서 일했고, 영화를 연출했고, 결국 텔루라이드Telluride와 트라이베카Tribeca 영화제에서 내 영화를 상영했다.

이 여정은 나를 과학계에 팽배한 서사의 부재에 집중하게 했다. 나는 할리우드가 과학계가 필요한 지식을 가지고 있다고 장담한다. 한니발 렉터와 대화해야 할 시간이 온 것이다.

한니발 렉터가 아니라면 적어도 에릭 카트만과는 얘기를 해야 한다.

에릭 카트만을 구원자로?

서사의 결핍을 알리고자 하는 건 나의 큰 믿음이었다. 누가 나에게 그런 영향을 줬는지 궁금할 것이다. 답은 간단명료하다. 바로 애니메이션 〈사우스 파크 South Park〉•에 등장하는 에릭 카트만이다.

정말이다. 사실은 에릭 카트만을 창조한 사람 중 하나인 트레이 파커Trey Parker가 정답이다. 다른 수백만의 현명한 미국인들처럼 나 역시도 〈사우스 파크〉의 광팬이다. 그래서 2011년 가을, 코미디 센트럴Comedy Central이 30분짜리 〈사우스 파크〉 메이킹 다큐멘터리를 방영할 때 그것을 지켜봤다.

다큐멘터리 중간쯤 나오는 장면이 나의 삶을 바꿔놓았다. 그것은 형용하기 어려울 만큼 심오했고 나는 그것이 과학계 전체를 뒤바꿔놓을 수 있다고 믿었다. 그 장면은 각 에피소드의 초고를 각색하는 트레이 파커의 요령을 소개했다. 그는 다음과 같이 말했다.

> 나는 '그리고'를 '하지만'이나 '그러므로'로 대체하는 것을 규칙으로 삼는다. 즉 시나리오를 수정할 때 "사건이 일어나고, 그리고 또 사건이 일어나고, 그리고

• 사우스 파크 미국의 애니메이션으로, 상스러운 언어와 다양한 화제를 풍자하는 블랙 코미디를 주제로 한다. 97년부터 채널 '코미디 센트럴'에서 방영되고 있다. 1992년 콜로라도 대학교 영화과에 재학하던 맷 스톤과 트레이 파커가 제작한 단편 애니메이션에서 출발하였다. 네 명의 소년 스탠 마시, 카일 브로플로프스키, 에릭 카트먼, 케니 맥코믹을 중심으로 사우스 파크 마을에서 벌어지는 그들의 특이한 모험을 그리고 있다.

또다시 사건이 일어난다."를 "사건이 일어나고, 그러므로 또 다른 사건이 일어나고, 하지만 또 다른 사건이 일어난다."라고 바꾼다. 가능하다면 '그리고'를 '하지만'이나 '그러므로'로 바꾸면 더 좋은 수정원고를 얻을 수 있다.

그의 말에 나는 마치 벼락을 맞는 듯한 기분을 느꼈다. 그의 논리는 너무도 깔끔하고 또 명확했다. 그렇게 간단한 시나리오작법을 한 번도 들어본 적이 없다. 나는 즉시 그의 말을 메모했고, 이후로 아리스토텔레스까지 거슬러 올라가며 3년째 시나리오작법을 연구해왔다. 사실상 그게 트레이 파커가 창조한 작법은 아니다. 나는 그것에 대해 테드메드TEDMED•에서 강연을 했고, 관련된 글을《사이언스》지에 발표했고, 내 워크숍에서 쉬지 않고 사용했다.

나는 그것을 ABT(And, But, Therefore)라고 명명하고 빈칸을 채울 수 있는 하나의 간단한 문장으로 개발했다. 그 구성은 아래와 같다.

________ 그리고(And) ________, 하지만(But) ________, 그러므로(Therefore) ________.

모든 이야기는 이 ABT 구성으로 축소될 수 있다. 〈오즈의 마법사〉를 예로 들어보자. 캔자스의 농장에 사는 한 어린 소녀가 있다. **그리고**(And) 그녀의

• 테드메드 Technology Entertainment Design Medicine의 약자로, 건강 및 의학에 초점을 맞춘 연례 컨퍼런스이다. 미국의 비영리재단에서 운영하는 기술, 엔터테인먼트, 디자인 회의 테드TED의 라이센스 하에 운영되는 독립적인 행사이다.

삶은 무료하다. **하지만**(But) 어느 날 토네이도가 그녀를 휩쓸어 신비한 나라 오즈로 데려간다. **그러므로**(Therefore) 그녀는 집으로 돌아가는 여정을 떠나야만 한다.

과학자의 상황을 예로 들면 다음과 같을 것이다. "우리 연구실에선 생리학 **그리고**(And) 생화학을 연구한다. **하지만**(But) 최근에 우리는 그 연구의 중요 부분이 분자 단위로 들어가야 하는 것을 자각했다. **그러므로**(Therefore) 우리는 요즘 분자를 연구한다." 특정 연구 프로그램에 관한 서사다. 당신이 연구하는 모든 것에 이 구성을 적용할 수 있다.

이 ABT 구성은 연구를 간결하게 설명하는 '엘리베이터 피치elevator pitch'를 서사의 힘을 적극적으로 활용하며 작성하는데 아주 유효한 도구다. 이 부분은 3장에서 상세히 다루고 있다.

헤겔의 철학적 방법

애리조나 주립대학교 경영학과에서 스토리텔링을 강의하는 파크 호웰Park Howell 교수가 최근에 나에게 이렇게 말했다. "ABT는 이야기의 DNA다." 과장하려는 게 아니라 나는 그게 정말 맞는 말이라고 생각했다. ABT는 정말 심오하고 영향력이 강하다.

내가 이것을 DNA로 설명하기 시작했을 때 두 작가가 스토리텔링과 유사한 논증 분야에서 DNA를 발견했고 그들만의 구성을 창조했다는 사실을 알게 되었다.

그들은 제럴드 그라프Gerald Graff와 캐시 버켄스타인Cathy Birkenstein으로 논증의 구성에 도움을 주는 그들의 저서《그들이 말한다, 내가 말한다They Say, I Say》는 2006년 출간된 이후 벌써 백만 부가 넘게 판매되었다. 그들은 먼저 논증 상대의 얘기를 듣고 나서 하려는 얘기를 구상하는, 아주 단순한 아이디어로 시작한다.

저서의 서두에서 그들은 "이 책에서 우리의 수사학적 움직임은 모든 유효한 논증의 깊이, 그리고 내적 DNA를 보여주는 '그들이 말한다, 내가 말한다' 구성에 초점을 맞춘 것이다."라고 얘기한다.

스토리텔링과 논증. 전자는 진실을 가지고 재미를 추구하고 후자는 진실을 찾아가는 방식의, 서로 반대급부에 있는 분야로 인식되지만 따지고 보면 그 구성은 매우 흡사하다.

ABT와 '그들이 말한다, 내가 말한다'의 구성을 살펴보자. 유사점이 보이는지? 두 구성 다 ABT는 몇 개의 간단한 사실, 논증은 상대가 하는 말이라는 어떠한 설정으로 시작한다. 그 이후에 ABT는 '하지만'으로, 논증은 내가 하고자 하는 말로 문제점을 시사한다. 마지막으론 두 구성의 결론이다.

이 두 구성이 흡사한 것은 결코 우연이 아니다. 왜냐하면, 세상의 모든 흥미로운 사고의 DNA에서 발췌한 것이기 때문이다. 그 DNA는 바로 헤겔의 트라이어드Triad 또는 변증법이다. 이것은 1700년대 말에서 1800년대 초에 활동했던 저명한 철학자, 게오르크 헤겔Georq Hegel이 최초로 발견한 논리로 ABT나 '그들이 말한다, 내가 말한다'처럼 세 가지 요소로 구성되어 있다. 그 세 가지 요소는 정립thesis, 반정립antithesis, 그리고 종합synthesis이다. 이것은 논리에서부터 추론, 논증에서부터 스토리텔링까지 모든 것의 토대가 된다. 과학 방법론의 토대가 되는 것은 물론이다.

이것이 진짜 DNA다. 헤겔의 트라이어드는 그야말로 강력하고 범세계적이기에 나는 이 책을 그가 제시하는 세 가지 요소로 나눴다. 나의 바람은 과학계가 서사의 중요성을 자각했으면 하는 것이기 때문이다. 나는 이 책을 '정립'으로 시작하여 서사를 품고 있음에도 불구하고 서사에 대한 자각이 부족한 현재의 과학계를 설명했다. 이후 '반정립'에서 아직 과학계에 통용되고 있지는 않지만 이러한 문제를 해결할 수 있는 도구들을 제시했다. 마지막으로 이 모든 것을 끌어내려는 '종합'에서 제시하는 도구들의 유용함을 설명하고 그 지식을 전파하기 위해 '이야기 서클'의 처방을 제공했다.

나는 '정립'과 '종합' 부분의 ABT 구성 다음에 구조를 잡는 또 다른 요소를 제공했다. 이 모든 요소가 합쳐지면 마치 끝없이 순환하는 프랙탈 패턴처럼 서사 구조의 여러 단면을 보여줄 것이다. 나는 ABT를 'Always Be Telling Stories(항상 지속하는 이야기)'로도 대변하고 싶은 심정이다. 이 부분에 대해선 차후에 더 깊이 들어가겠지만 같은 이야기를 조금은 다른 각도에서, 더욱 충격적인 방법으로 설명해보고자 한다.

과학계는 트레이 파커를 따라해야 한다

과학계 전체에 대고 트레이 파커처럼 되라니 아마 내가 정신이 나갔다고 생각할 것이다. 내가 감히 어떻게 이런 말을 할 수 있을까? 할리우드에서 몇 년간 일하고 나니까 정신병동의 환자라도 된 걸까? 그럴 수도 있다. 하지만 먼저 내 얘기를 들어보기 바란다.

《말문 트인 과학자》에서 나는 이것을 대뇌와 복부의 대립으로 봤다. 정보가 범람하는 학계는 대뇌로, 감정의 제국인 할리우드는 복부로 비유할 수 있다. 대학교수는 대뇌의 으뜸이지만 복부로 옮겨가면 맥을 못 춘다. 할리우드는 그 반대다. 텅 빈 뇌가 무수히 몰려있는 곳이지만 다른 어떤 이도 해내기 어려운, 대중을 선동하는 힘을 보유하여 복부 쪽의 스펙트럼을 장악하고 있다.

그림 3 대뇌 vs 복부. 학계는 으뜸가는 대뇌다. 하지만 복부로 가면 할리우드가 이긴다. 서사로 성공하려면 두 가지 요소가 모두 필요하다.

트레이 파커를 보자. 스토리텔링에 근거해서 볼 때 그는 거대한 복부를 가진 500파운드의 고릴라다. 그는 석사학위도 없고 학자도 아니다. 이 점은 그가 아마 가장 먼저 인정할 것이다. 그는 콜로라도 주립대학교에서 학사학위를 마치고 할리우드라는 '스토리텔링의 체육관'으로 이주했다. 그리고는 스토리텔링이란 역기를 낮과 밤을 가리지 않고 쉴 틈 없이 들었다.

1997년부터 그는 매주 대중에게 먹힐 만한 이야기를 뽑아내며 스토리텔링의 이두박근을 키웠다. 그는 학자들이 흔히 선택하는 인생의 옵션인, "아뇨, 나중에!" 따위를 누려본 적이 없다. 그와 매트 스톤Matt Stone은 〈사우스 파크〉라는 스토리텔링의 압력밥솥에 빠져 살았다. 그들의 인생옵션은 '먹힐 만한' 이야기를 뽑아내거나 아니면 포기하고 집에 돌아가거나, 둘 중 하나였다.

2011년도에 코미디 센트럴의 다큐멘터리를 촬영할 때 파커는 이미 서사의 근육질이 되어 있었다. 〈사우스 파크〉는 코미디 센트럴 역사상 가장 위대한 흥행작이 되었고 파커와 스톤의 뮤지컬, 〈북 오브 모르몬The Book of Mormon〉은 9개의 토니상을 휩쓸며 브로드웨이를 폭풍처럼 점령했다. 파커의 뇌는 서사적 근육으로 무장되었다. 그 힘으로 그는 이야기 개발 과정을 '그리고'를 '하지만'과 '그러므로'로 교체하는 간략화된 방식으로 정제했다. 나중에 다시 설명하겠지만, 그는 그 방식을 학부 시절에 역사상 가장 위대한 시나리오작법 강사에게서 배웠다.

목표

서사적 직관과 서사적 문화

트레이 파커나 대다수의 내 영화학교 동기들은 과학자들이 필요로 하는 요소를 가지고 있다. 바로 서사적 직관이다. 서사적 직관은 단순히 서사적 기초를 아는 것이 아닌 그것을 완벽히 흡수하여 감지할 수 있는 단계의 역량을 의미한다.

나는 수년간 베테랑 시나리오 작가들이 이런 서사적 직관을 적용하는 장면들을 목격했다. 그들은 두 가지 역량을 가지고 있었다. 첫 번째로 그들은 간결하고 인상적인 이야기를 창조할 수 있었고, 두 번째로 그들은 간결하지도 또 인상적이지도 않은 이야기를 듣고 단번에 그것을 수정할 수 있었다. 그들은 이야기를 듣고 그것이 왜 지루하고 혼란스러운지에 대한 핵심을 잡아내는 역량을 갖췄다.

만일 과학자들이 이런 역량을 가졌다면 내가 초반에 언급한 많은 과학계의 문제점을 바로잡을 수 있었을 것이다. 스토리텔링의 단점에 더욱 민감했을 것이며 그만큼 허위 긍정에 마음이 덜 기울었을 것이다. 만일 그들이 서사를 이해하고 또 우선으로 생각했다면, 뚜렷한 결과가 없는 논문의 게재율에 대한 편견을 피할 수도 있었을 것이다. 그들이 서사에 대한 직관이 있었더라면 논문이나 발표문을 지루하거나 혼란스럽지 않게 쓰고 말할 수 있었을 것이다. 이것이 바로 모든 학계에 필요한 변화다. 그렇다고 서사적 직관이 만병통치약이란 의미는 결코 아니다. 과학계는 항상 누군가의 주장을 극단적으로 몰아가며 빈틈이 없는지 살피는 버릇이 있기에 노파심에서 하는 얘기다. 서사적 직관은 많은 문제의 근원을 파악할 수 있는 수단이 될 수 있다는 말이다. 서사는 작업을 위한 도구일 뿐만 아니라 세상을 이해하기 위한 도구로서도 믿을 수 없을 만큼 강력하다. 내가 이 책을 쓰는 목적은 연구계획에 서사를 넣으라고 과학자들에게 촉구하기 위해서이다. 서사가 최우선은 아닐지라도 모든 과학 프로그램과 의제에 포함되어야만 한다.

서사적 직관을 습득하면 과학연구와 과학 커뮤니케이션이 직면하고 있는 많은 문제와 싸워나갈 수 있다. 서사 역학에 대한 교육은 모든 단계에서, 특히 과학교육의 기초단계에서부터 시작되어야 서사에 대한 인식과 창작이 비로소 직관이 될 수 있다.

한 단체에서 여러 사람이 서사에 대한 직관을 가지게 되면 '서사적 문화'가 형성될 수 있다. 그리고 이 문화는 서사적 수준에 대한 최소한의 기준과 기대를 확립할 수 있다. 모든 사람이 서사의 역학에 대한 어느 정도 수위의 역량과 친숙함이 생기면 이 기준은 얼마든지 바뀔 수 있다. 이것이 이루어지면 2차 효과인 '동반이행(사람들이 흐름에 휩쓸려가는 현상)'이 일어나고 새로운 기준은 자생력을 가질 것이다.

이것은 허무맹랑한 희망이 아니다. 필요한 도구는 이 책에 다 있다. 임무에 착수하느냐 마느냐의 문제일 뿐이다. 그러니 어서 출발해 보도록 하자.

여정은 지금부터 시작이다.

II

반복하지 않는 것은 엔터테인먼트에는 핵심적인 요소다.
나는 간결성을 강조한다. 서사의 직관을 기르는 과정에서
반복되는 기초도구 말이다. 만약 당신의 집중도가 낮아서
막의 반복을 참아낼 인내심이 없다면 과연
서사에 대한 감을 잡을 수 있을까?
서사는 곧 간결함과 반복으로
이루어졌는데 말이다.

정립

우리가
우습게 보이나?

아, 이메일……. 이메일로는 억양을 전달할 수 없다는 것이 나를 미치게 만든다. 손편지는 적어도 글자를 불규칙하게 쓴다거나 밑줄을 긋는다거나, 또는 분노나 애정을 전달하기 위한 낙서라도 할 수 있지만 이메일은 전자활자에 이모티콘을 추가하는 정도가 고작이다. 그것은 때로 해석에 대한 최악의 오해를 불러일으키기도 한다.

"랜디……. 우리가 우습게 보이나?"란 내용의 이메일을 받고 충격에 머리를 식히러 조깅을 나갔던 일이 바로 그런 경우다. 나는 그것을 최악의 상황으로 받아들였다. 그때 상황을 고려하면 사실상 그러지 않기가 어려웠다.

다음날 아침 나는 메건에게 전화를 걸어 수차례 진심 어린 사과를 하고 행사에서 빠지겠다고 말했다. 나는 그녀에게 내가 얼마나 그 두 과학자를 존경하며 그분들과 그런 언쟁을 벌일 생각은 추호도 없었는지에 대해서 얘기했다. 그녀는 중도하차 하겠다는 내 생각을 존중해 줬을 뿐 아니라 이토록 민감한 문제가 될 줄 몰랐다며 오히려 나에게 사과를 했다. 그녀는 그분들이 나의 제안을 흔쾌히 받아들일 거라 예상했다. 나도 일이 이렇게 꼬일 거라고는 예상도 못 했지만 어쨌든 물은 이미 엎질러진 뒤였다. 다행히 그녀는 나의 결정을 양해해줬다. 우리는 서로 사과했고, 그녀가 나의 중도하차를 용납하면서 그렇게 통화를 마무리하려고 했다. 그런데 그때 내 메일 수신함에 두 과학자 중 한 분이 보낸 이메일이 도착했다. 나는 그 내용을 그녀에게 읽어줬다.

어젯밤 두 분이 대화를 나눴다는 소식과 함께 이런 말이 쓰여 있었다. "우리는 이제 나이도 즈음하고 하나쯤은 망쳐도 좋을 만큼 성공적인 발표도 많이 했으니, 그리 대단할 것도 없고 더 얻을 것도 없겠지만 자네의 어처구니없는 제안을 한번 받아들여 보기로 하겠네."

그분들이 우습게 보였냐고? 나는 두 분을 진심으로 존경하기 때문에 그만두려고 했던 거다. 존경하는 분들과 이견이 생겨서 좋을 게 뭐가 있겠는가. 그러니 이걸 보고 내가 들뜰 수밖에. 나는 메건에게 중도하차를 취소하겠다는 말을 전하고 그분과 바로 스카이프 채팅을 시도했다.

휴스턴, 우리는 이제 이륙한다고. 휴!

이제 서사의 세계로 떠날 준비가 다 됐다. 그러니 가이드를 좀 더 자세히 소개하면서 여정을 시작하도록 하자. 이 여정의 가이드는 바로 나다. 나는 나의 독특한 경력 때문에 이런 걸 전파하려는 것이다. 내 경력의 반은 과학자, 그리고 나머지 반은 영화감독이다. 나는 '학문과학'과 '실용 할리우드'라는 두 가지 언어를 구사할 수 있다.

랜디세우스

랜더스, 랜디몬, 랜도시우스, 랜드초, 랜단고, 랜디톨라, 랜드맨 등등. 사람들은 내 이름을 바꿔 부르며 장난치기를 좋아한다. 〈사우스 파크〉의 캐릭터에나 어울릴 법 한 멍청한 이름이다. 그러나 어쩌겠는가.

그래서 내 이름을 내 버전으로 소개할까 한다. 바로 랜디세우스다. 전설적인 신화 속 인물 오디세우스Odysseus를 좋아해서다. 물론 그 발끝에도 못 미치겠지만. 삶의 초반에 나는 과학자로 살았다. 하버드에서 생물학 박사학위를 받은 후 호주에 위치한 그레이트배리어리프Great Barrier Reef의 한 섬에서 1년을 살았고, 남극의 빙하 밑으로 다이빙도 했고, 반 마일 깊이의 심해에서 잠수도 했고, 60피트 깊이의 해저 서식지에서 일주일이나 지내는 등 내가 평소에 동경해왔던 모든 짜릿하고 흥미로운 해양 활동을 해봤다.

그리고 해양생물학과의 교수가 되었다. 나는 대학원생 제자들도 있었고, 미국 국립과학재단National Science Foundation을 포함한 주요 연구비도 따냈고, 《네이처》지를 포함하여 20개나 되는 논문을 게재했고, 결국 뉴햄프셔대학교에서 정년보장을 받았다. 나는 모든 학자가 꿈꾸는 평생직을 얻어냈다. 과학자로서 성공을 이뤘고, 중범죄만 저지르지 않는다면 앞으로 남은 삶은 탄탄대로였다.

하지만(이제 진짜 이야기가 시작된다. 차후에 더 자세히 설명하겠지만 이 지점이 바로 이야기 구성의 핵심 부분이다.) 나는 그 일상에서 탈출해 새로운 여정에 올랐다.

나는 동부의 과학 세계를 떠나 서부의 캘리포니아로 향했다. 그게

그림 4 할리우드 에이전트 키클롭스.

1994년이었다. 프렌드스터Friendster나 오토 튠Auto-Tune, 그리고 크록스Crocs 등은 출시되기도 전이었다. 나는 과학을 좋아하는 만큼 과학 커뮤니케이션에도 많은 관심이 있었다. 사실 나는 언젠가는 과학계로 돌아와서 내가 배운 것을 전파하겠다는 큰 그림을 그리며 교수직을 그만뒀다.

주변 친구들은 내가 충동적인 행동을 한다고 생각했지만 난 그냥 그러도록 내버려 뒀다. 그들은 내가 정체성의 혼란이나 혹은 멘탈 붕괴가 온 거라고 쑥덕거렸다. 한 친구는 해적과 카우보이 코스프레를 하고 버스 정거장에 서 있는 두 중년남성의 사진에 "중년의 위기?"라고 적어서 보내기까지 했다. 그러나 최측근 친구들은 내가 명확한 목적이 있고 언젠가 다시 돌아올 걸 알고 있었다.

나는 마치 오디세우스라도 된 양 할리우드의 바다로 향했다. 키클롭스 에이전트 및 변호사들과 대면하고 말리부의 로토파고스• Lotus Eaters의 유혹을 피하고 수많은 나이트클럽과 파티의 구석구석에 잠복해있는 경찰을 피해 다니면서 말이다.

그리고 나는 오디세우스처럼 성공했다. 누구도 나를 파괴하지 못했다. 나, 랜디세우스는 살아남았고 오디세우스보다 배나 긴 20년의 여정 끝에 다시 과학계로 돌아왔다. 그 여정에서 얻은 지식을 나누고자 한다. 외부에서 바라본 과학계의 첫 느낌은 다음과 같았다.

• 로토파고스 〈오디세이아〉에 등장하는 전설의 부족으로 '로토스 열매를 먹는 자들'이라는 뜻이다. 로토스 열매는 세상의 모든 근심을 잊어버리게 된다는 전설의 열매다. 오디세우스가 트로이에서 귀국하면서 로토파고스의 땅을 방문하는데, 이 때 오디세우스의 부하들이 로토스를 먹고 환각에 취해 고국으로 돌아가기를 거부하는 장면이 등장한다. 로토파게스lotophages 또는 로토파고이lotophagoi라고도 한다.

과학자는 복잡한 것을 좋아한다

간결함을 추구하는 이야기의 역학은 복잡함이 일반적인 과학계와 어우러지지 않는다. 나는 양쪽 문화의 여정을 통해 이것을 직접 경험했다.

《말문 트인 과학자》를 통해 나의 '과학다움'이 할리우드에서 어떻게 우스꽝스럽고 부끄럽게 튀었는지를 소개했다. 그때 빼먹은 한 가지 에피소드를 여기서 공개한다. 전직 해양생물학 교수가 화려한 도시에 가서 겪은 얘기다. 이 에피소드는 복잡함과 간결함의 경계를 실감하게 해준다.

남가주대학교USC, University of Southern California 영화과 석사과정에서 나는 단 네 명만 뽑히는 연출기회를 잡았다. 내가 작성한 뮤지컬 코미디 장르의 단편 시나리오로 5만 달러의 제작비를 학과로부터 지원받게 된 것이다. 한 여성이 자신의 대법고시 전날 밤 화가 난 채로 남편과 동업자들의 파티를 위한 요리를 하다가 결국 감전사하게 되는 얘기였다. 마지막 장면에서 그녀의 유령이 복수를 위해 돌아와 남편의 여비서들과 함께 거세에 관한 노래와 춤을 선보인다. 말하자면 이 영화는 남가주대학교 영화과의 세련된 분위기와는 딱히 어울리지 않는 작품이었다. (남편이 벌을 받았음에도 불구하고 나는 여성차별주의자라는 누명을 썼다. 영화과도 이렇게 정치적이다.)

춤 장면을 위해 나는 훌륭한 안무가인 랜스 맥도널드Lance MacDonald를 섭외할 수 있었다. 그는 이듬해에 〈타이타닉〉의 보조안무가로 고용된 인물이다. 작업 첫날 나는 열심히 작성한 안무 도면을 그에게 보여줬다. 그 도면은 마치 미식축구경기의 작전표와도 같았다. 댄서들을 지시하는 O, X로 가득했으며 누가 어디로 움직여야 하는지에 대한 화살표와 카메라 위치가 표시되어 있었다. 아주 상세한 도면이었지만…… 나는 안무의 기본도 몰랐던 거다. 그도 그럴 것이 연구실에서 실험만 하다가 밖으로 나온 지 1년 반밖에 안 됐을 때였으니까. 그 도면은 과학자의 머리에서 나올법한 것이었다.

랜스는 흥미로운 듯 그 도면을 한참 들여다봤다. 그러더니 그것을 들고 일어나서 “대단해! 정말 인상적이야. 하지만 우린 이런 건 필요 없어.”라며 휴지통에 버리는 게 아닌가. 나는 충격에 빠졌다. 하지만 시간이 지나 그의 말이 무엇을 의미하는지 알게 되었다.

얼마나 어리석은가. 나도 잘할 수 있다는 자만심에 그저 복잡한 도면만 그려댄 과학자라니. 안무는 예술이고 예술은 간결해야 하는데.

랜스는 댄서들을 고용하여 예행연습을 시작하더니 보름 정도 후에 촬영감독을 데리고 와서 그것을 보여줬다. 그들은 멈추기를 반복하며 모든 앵글을 점검하고 카메라 위치를 잡았다. 그는 댄서들이 카메라를 위해 춤추기보다는 자유롭게 춤추면 카메라가 그것을 기록하게 했다. 완전히 잘못 이해한 초보자인 나는 그저 그 광경을 쳐다보기만 했다.

내가 도면대로 하자고 고집했더라면 댄서들은 아마 정확한 타이밍에 맞는 위치에 도달하기 위해서 서로 부딪히고 넘어지면서 난리가 났을 것이다. 그렇지만 랜스는 그것을 자유롭고, 유연하고, 유기적이고, 무엇보다 재미있고 흐름이 좋은 영상으로 만들어냈다. 이렇게 간략하고 완벽하며 세련된 게 또 있을까?

다빈치의 인상적인 발언을 연상시키는 경험이었다.

"간결함이 최고의 세련됨이다."

내가 이 에피소드를 공유하는 이유는 그것이 이 책의 핵심이기 때문이다. 요즘 갑자기 범람하는 스토리텔링에 관한 책과 워크숍들의 문제점과도 일맥상통한다. 왜냐하면 그중 많은 것들이 내가 만들었던 도면처럼 너무 복잡하기 때문이다. 나는 수많은 도면과 그래프, 그리고 장마다 프로타고니스트•, 안타고니스트•, 시퀀스, 정점, 서사적 굴곡, 비유, 주제 등으로 가득 찬 책을 자주 발견한다.

바로 이것이 복잡함의 문제다. 뭐가 너무 많다 보니 결국은 머리에 제대로 각인되는 게 하나도 없는 것이다. 그것은 마치 도심 꼭대기에서 아래를 내려다보는 것과도 같다. 멋진 광경일 수 있지만 "좋다!"는 말 외의 다른 건 없는 것이다. 모든 걸 봤지만 남는 건 하나도 없다. 이와는 대조적으로, 나는 이야기의 전체개념에 일종의 프랙탈적인 접근을 추구한다. 프랙탈 디자인의 핵심은 '간결함을 통해 복잡함을 얻을 수 있다'는 것이다. 언뜻 보기에는 놀라울 정도로 복잡하게 보이는 얼음 결정체지만, 자세히 들여다보면 반복해서 복제된

• 프로타고니스트 서사 작품 속의 중심인물을 말한다. 연극, 영화, 소설 따위에서 사건의 중심이 되는 인물이거나 어떤 일에서 중심이 되거나 주도적인 역할을 하는 사람 혹은 드러나지 아니한 관심의 대상을 말한다. 대개 주동인물을 중심으로 줄거리가 전개된다.

• 안타고니스트 서사 작품 속에서 주인공과 대립적이거나 적대적인 관계를 맺는 인물을 말한다. 대립 인물이라고도 한다.

하나의 패턴에 불과하다. ABT와 같은 패턴이다.

스토리텔링은 그래야 한다는 것이 나만의 생각은 아니다. 존 요크John Yorke는 그의 명저서, 《숲 안으로: 이야기의 역학과 이야기를 하는 이유Into the Woods: How Stories Work and Why We Tell Them》를 통해 프랙탈을 상세히 다룬다. 그는 "이야기는 막act으로 구성되고, 막은 장면scene으로 구성되며, 장면은 그보다 더 작은 요소인 비트beat로 구성된다. 이 모든 요소는 결국 프랙탈 버전의 3막 구조로 이루어진다."라고 말했다. 이 간단한 구성으로 무궁무진한 복잡성을 만들어 낼 수 있다.

복잡성은 재밌고 짜릿하고 자극적이며 무엇보다 반복이 없다. 반복하지 않는 것은 엔터테인먼트에는 핵심적인 요소다. 나는 간결성을 강조한다. 서사의 직관을 기르는 과정에서 반복되는 기초도구 말이다. 하지만 만약 당신의 집중도가 낮아서 막의 반복을 참아낼 인내심이 없다면 과연 서사에 대한 감을 잡을 수 있을까? 서사는 곧 간결함과 반복으로 이루어졌는데 말이다.

나는 이 주제를 반복하게 될 것이다. 과학자들은 '단순함'을 공격하기 좋아한다. 때로는 그것도 타당한 비평일 수 있지만 단순한 것과 간결한 것을 결코 혼돈해서는 안 된다. 둘은 분명한 차이가 있다. 다빈치가 강조했듯이 간결함이 최고의 세련됨이다.

그럼 이제부터 과학의 세계와 그보다 더 큰 서사 세계의 기원을 살펴보기로 하자.

2

서사의 세계에 사는 과학

서사의 긴 역사 길가...... 누구?

"길가메시Gilgamesh를 아시나요?"

내가 과학자들에게 자주 하는 질문이다. 누누이 언급하지만 내가 그들보다 더 나을 거라곤 하나도 없다. 몇 달 전, 이 책을 쓰기 시작할 때까지만 해도 나는 길가메시가 누군지 몰랐다. 나의 인문학 소양의 한계다.

길가메시는 서사의 시초라 해도 과언이 아니다. 그의 이야기는 인문학 최초이며 곧 문학의 탄생인 것이다. 그는 4,000년 전에 126년 동안이나 메소포타미아를 통치했을 것으로 추정되는 대단하고 강력한 리더다. 초창기 이야기꾼들은 그의 서사를 바위에 새겼다. 길가메시 이후로 인류는 2013년에 출판된 조너선 갓셜Jonathan Gottschall의 저서, 《스토리텔링 애니멀Storytelling Animal》의 제목처럼 변해왔다. 갓셜은 이야기 또는 서사가 오늘날 우리 삶의 모든 면에 깊숙이 스며들어 있다고 주장한다.

다음으로 중요한 단계는 길가메시로부터 2,000년이나 뛰어넘어 아리스토텔레스와 그리스로 간다. 아리스토텔레스는 이야기엔 독특한 구성이 있다는 사실을 자각하고 《시학Poetics》으로 희곡과 이야기의 구성을 설명했다. 그는 이야기를 다섯 개 단계로 나눴다. 도입부를 프롤로그prologue, 마지막을 엑소더스exodus라고 명명하고 중간부는 파라도스parados, 에피소드episode, 그리고 스타시몬stasimon 이렇게 세 부분이 반복되는 구간으로 설명했다. 우리는 지금도 이야기 속 사건을 언급할 때 '에피소드'라는 단어를 사용한다.

이제 과학 스토리텔링의 일급비밀에 관해 얘기해보자. 과학연구의 주요 부분은 뭔가? 우선 배경 지식을 수집하고(소개), 이후 해답을 얻을 때까지 문제 제기와 가설(방법과 결과)을 반복한 뒤 토론을 통해 모든 것을 끌어낸다.

그림 5의 두 부분을 자세히 비교해보기 바란다. 이것이 바로 내가 반복해서 언급할 요지의 첫 번째 예시다. "결국은 다 같은 이야기다." 이것은 《커넥션Connection》의 공동저자 도리 바톤이 워크숍에서 이야기의 구조에 대해 논의할 때 했던 얘기다. 처음엔 내 안에 있는 과학자가 이 주장에 강하게 반발했다.

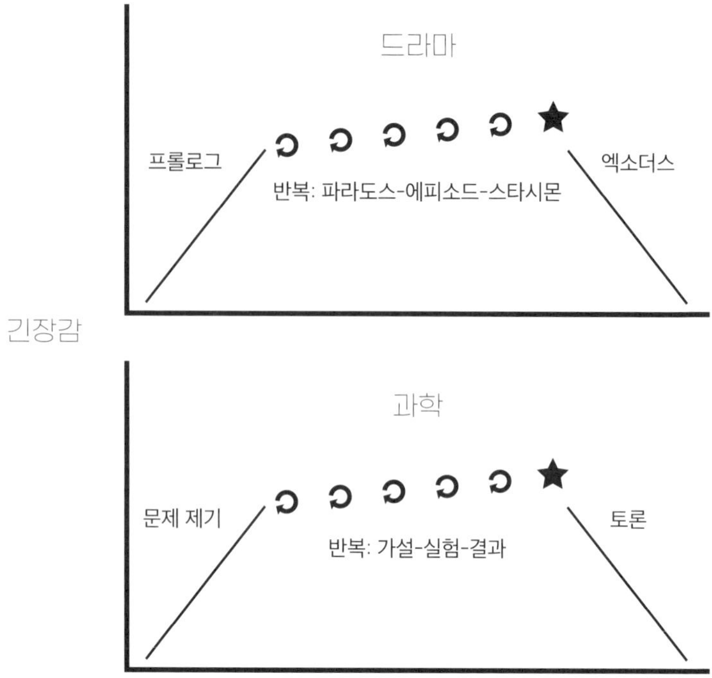

그림 5　결국은 다 같은 이야기다. 상단은 2,000년 된 아리스토텔레스의 이야기 구성이며 하단은 과학자의 연구에 대한 다이어그램이다. 유사성이 보이는지?

하지만 나도 이제는 그녀의 의견에 대부분 동의하고 당신도 나처럼 동의할 수 있기를 바란다. 서사와 과학은 같은 핵심 구조로 귀결된다.

서사를 뒷받침하는 구조는 세월에 따라 여러 가지 형태로 변모해왔다. 로맨스, 공포, 코미디, 판타지 등등 수많은 형태의 이야기들이 존재한다. 자칫하면 그 무한한 복잡함 속에서 길을 잃을 수도 있다. 마찬가지로 생물학도 기괴한 모양의 가래상어부터 바닥을 휘젓는 히드라, 살아있는 스파게티 볼 같은 바스켓 불가사리까지 무한한 생물의 복잡함과 다양함 속에서 길을 잃을 수도 있다. 당신은 그저 경이로움에 빠져 "와! 모든 생명체는 참 다양하고 복잡해." 라고 말할 것이다.

하지만 그들의 DNA는 모두 같은 이야기를 하는지도 모른다. 그들의 게놈은 염기쌍의 원초적 배열로 거슬러 올라간다. 당신은 그들의 매혹적인 복잡성에 초점을 맞출 수도 있고 아니면 핵심의 간결함에 초점을 맞출 수도 있다. 핵심을 파악하면 당신은 그 모든 다양함이 결국은 하나의 원초적 형태에서 파생되었음을 알 수 있게 된다. 전자는 흥미롭지만, 궁극적으로는 방향성이 없다. 하지만 후자를 통해서는 자연의 이치를 깨닫게 되는 것이다.

이야기도 마찬가지다. 다양한 형태의 이야기들은 결국 하나의 공통적인 유산으로 거슬러 올라간다. 이것이 바로 인류학자인 조지프 캠벨Joseph Campbell이 지난 세기 전반에 깨달은 것이다. 그는 과학자의 성향인 분석적 관점을 비분석적인 스토리텔링의 세계에 적용한 것이다. 진화생물학자가 유기체들 사이의 공통된 혈통을 찾아가는 것처럼 그는 세계의 다른 문화와 종교에서 파생된 온갖 이야기의 공통된 구조를 연구한 것이다.

1949년에 그는 역사에 한 획을 그은 자신의 저서, 《천의 얼굴을 가진 영웅The Hero with a Thousand Faces》을 "세상의 모든 신화와 종교는 당연히 차이점이 있지만, 이 책은 그것들의 공통점을 찾는 데 목적이 있다."는 문장으로 시작했다. '결국은 다 같은 이야기'라는 궁극적 메시지의 전주곡인 셈이다.

캠벨은 세상 모든 이야기의 공통적 구조를 발견했고 그것을 원형신화monomyth라고 명명했다. 거기엔 또 어떤 주요 부분들이 있었을까? 마치 헤겔이 예측했을 법한 발단, 전개, 그리고 결말, 이렇게 세 부분이 있다.

스토리텔링의 역사에서 또 어떤 것들이 이 구조를 흡수했을까? 맞다. 연극, 소설, 그리고 영화 모두 3막 구조로 되어 있다. 요즘 제작되는 거의 모든 영화는 이미 우리 뇌에 깊숙이 박혀서 벗어나기가 힘든 3막 구조로 되어있다.

짧은 과학의 역사

이제 과학의 역사에 대해 생각해볼 차례다. 인간은 4,000년 동안이나 이야기를 써왔다. 하지만 과학 논문을 쓴지는 과연 얼마나 됐을까? 스토리텔링 역사의 1/10도 안 되는 400년쯤이다.

오래전에도 과학자는 있었다. 그리스도의 시대가 끝나고 100년 후의 이집트에는 프톨레마이오스가 있었고, 그로부터 1,000년 뒤의 메소포타미아에는 광학과 실험물리학을 개척한 이븐 알하이삼Ibn al-Haytham•(프톨레마이오스 2세라는 별칭으로 불린다)이 있었다. 하지만 연구 논문이 게재되기 시작한 학술지는 1665년 영국의 《왕립학회지》 1권이 최초다. 그 이전의 과학연구는 장

• 이븐 알하이삼 아라비아의 수학자, 물리학자, 천문학자. 965년 출생으로 추정되며 1039년 타계하였다. 자연학, 천문학, 광학, 투시·투영법 등 광범위한 분야에 뛰어난 업적을 남겼다. 그의 천문학과 광학 이론은 형이상학과 긴밀하게 연관되어 있으며, 서양 중세의 광학 이론의 근본이 되었을 뿐만 아니라 로저 베이컨을 비롯한 후대의 많은 과학자들에게 지대한 영향을 주었다.

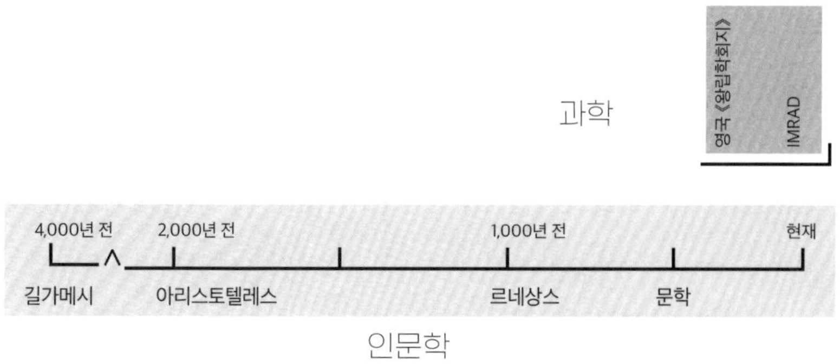

그림 6 과학은 파티에 늦게 도착했다. 인문학이 적어도 4,000살인 것에 비하면 과학은 애송이에 불과하다.

도 나누지 않았으며 3인칭 수필 등의 '문학적' 형태로 기록되었다.

그로부터 50년 동안 논문은 서술적인 형태에서 연구자가 쓴 실험보고의 형태로 변모하기 시작했으며 1800년대 후반에 이르러 가설, 실험, 그리고 토론의 형태로 명확하게 자리잡기 시작했다. 그것도 공교롭게 세 부분으로 나뉜다. 1900년대에 이르러 오늘날 전 세계에서 통용되는 구성이 나왔는데, 바로 내가 시작 부분에 언급했던 강력한 IMRAD다(이제부터는 이 용어를 절대 잊지 않겠다고 약속해주기 바란다). IMRAD는 네 부분으로 나뉘긴 하지만, 방법과 결과 부분은 주로 병합된다. 이야기로 치면 전개 부분이다.

과학은 최근에야 서사의 세계에 도착한 손님이다. 이것이 바로 과학자들이 직면한 문제다. 과학자들은 정보만 나열해 놓고는 서사의 형태로 소통하기를 꿈꾸지만 그게 먹힐 리가 없다. 내가 '관찰한 사실 그대로를 전달하기'를 난제로 지적했듯이, 그것은 절대 쉬운 일이 아니다. 좀 더 깊이 들어가 보자.

뇌의 프로그래밍은 결함이 있다

인간은 단지 몇 가지 요소에만 귀를 기울일 수 있다. 그것을 넘어가면 서사가 필요하게 된다. 서사가 없이 정보만으로 강의한다면 이공계가 아닌 청중은 아마 30분도 버티기 힘들 것이다. 하지만 재밌는 이야기엔 몇 시간이고 앉아 있을 수 있다. 만일 그들에게 〈브레이킹 배드Breaking Bad〉 같은 드라마를 보여준다면 몇 편을 재생해도 문제없이 앉아 있을 것이다. 이것이 서사의 힘이다.

이것이 바로 첫 번째로 잘못된 '뇌의 프로그래밍'이다. 과학자들은 사실을 있는 그대로 쏟아내면 청중이 흡수할 것으로 생각한다. 하지만 실상은 그렇지 않다. 뇌는 특정한 방법으로 엮인 정보가 필요하다. 그러니까 최상의 의도라고 할지라도 쉽게 왜곡으로 이어질 수 있다. 《뉴욕타임스》의 칼럼니스트인 니콜라스 크리스토프Nicholas Kristof는 기고문을 통해 이것을 명확하게 지적했고 나는 매번 워크숍마다 수강생들에게 그것을 읽어보라고 권장한다.

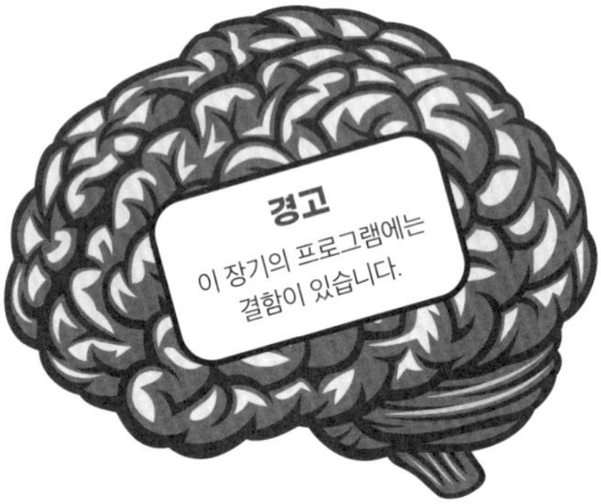

그림 7 인간의 뇌. 뇌가 만일 판매되는 상품이라면 아마 바로 리콜 대상이 될 것이다.

니콜라스 크리스토프가 서사에 관해 세상에 경고하다

매스컴에서 서사의 힘에 관해 기가 막히게 간결하고도 실질적인 칼럼을 쓴 것으로 정평이 나 있는 니콜라스 크리스토프는 퓰리처상을 두 번이나 수상했다. 내가 그의 기고문을 서사에 관한 경고라고 부르는 것에 대해 그가 용납할 수 있을지는 모르겠지만 사실상 내용은 그렇다고 생각한다. 놀라운 것은 그가 이 글을 뉴욕타임스의 특집이나 학술지가 아니라 2009년 11월《아웃사이드Outside》온라인에 기고했다는 사실이다. 제목은 아주 적절하게도, '세상을 구원하는 니콜라스 크리스토프의 조언Nicholas Kristof's Advice for Saving the World'이다. 그의 글을 한 문장으로 요약한다면 "다른 사람의 뇌를 바꾸려고 하기 전에 인간 두뇌의 프로그래밍이 얼마나 잘못된 것인지부터 깨달아야 한다." 정도가 될 것이다.

그의 요점은 의사소통이란 사람들이 듣거나 알아야 할 필요가 있다고 생각하는 것을 말하는 것이 아니라 먼저 인간의 뇌가 어떻게 작용하는지를 염두에 두고 당신의 목적을 거꾸로 파악해가는 방식이라는 것이다. 즉 당신은 사람들의 뇌에 잘 흡수될 수 있도록 정보를 적합한 형태로 형성할 필요가 있다.

다르게 말하면 황금률을 무시하라는 것이다. 나는 캔자스에서 "당신이 대접받기 원하는 대로 남을 대접하라."라는 황금률을 귀에 못이 박이도록 듣고 자랐다. 크리스토프의 요점은 사람들이 당신을 어떻게 대접하길 원하는지가 무슨 상관이냐는 것이다. 중요한 건 사람들이 어떤 대접을 받기 원하는지를 파악하는 것이다.

이것은 과학자들이 부딪치는 근본적인 문제다. 사람들이 왜 그들의 얘기에 관심이 없는지 파악할 수 없을 때, 그들은 좌절한다. 그들은 '과학적 역량'을 운운하며 "사람들은 이것을 반드시 알아야 한다." 같은 말을 한다. 물론 그들의 의도에 동의하지만, '사람들'에게 화를 내기 전에 먼저 사람들의 기본적인 사고체계를 이해할 필요가 있는 것이다.

단일성

스토리텔링의 힘은 구체화에 있다

이런 좌절감 속에서 크리스토프가 제시하는 스토리텔링의 중요한 요지는 '한 가지의 힘'이다. 즉 단일한 서사의 힘인 것이다. 그가 하는 말을 내 방식으로 바꿔 말하면 이렇다.

> 병이 들어 내년이면 죽을 것으로 예상되는 아프리카의 한 소녀에 관한 이야기를 한다면 아마 당신은 '희생자의 숫자'에 비례해 화가 날 것입니다. 그럼 죽는 소녀가 두 명이면 두 배로 화가 날까요? 죽어가는 소녀의 숫자가 두 배가 됐으니까요. 첫 번째 소녀의 가족이 겪을 고통을 생각해보세요. 그리고 두 번째 소녀의 가족이 겪을 고통까지. 하나 더하기 하나는 둘입니다. 맞죠? 그렇다면 당신은 두 배로 화가 나야 맞습니다. 하지만 실상은 그렇지 않다는 것

을 잘 아실 겁니다. 왜일까요? 희생자의 숫자가 늘어나면 늘어날수록 당신은 분노하는 감정에서 더 빨리 빠져나갈 것이기 때문입니다.

이것은 슬프고, 비논리적이고, 반직관적이며, 심지어 위험하기까지 한 스토리텔링의 섭리다. 크리스토프는 "한 개인의 죽음은 비극이고, 100만 명의 죽음은 통계"라는 유명한 말을 남겼다. 과학자들의 좌절이 여기에 있다. 왜 숫자처럼 간단하지 않을까? 100만이라는 숫자는 1보다 훨씬 더 크지 않은가?

미안하지만 숫자가 다가 아니다. 사람들은 그들을 움직이고 감동을 주고 마음에 와닿는 것에 관심을 가진다. 그러니까 한 개인의 죽음으로도 당신의 목적을 효과적으로 전달할 수 있다는 것이다. 그것이 다섯이 되면 더 힘들어지고 백이 되면 더욱더 전달이 어려워진다. 사람들은 그저 당신의 의도와는 상관없는 통계에 집착하게 된다. 무언가 많긴 하지만 기억에 남는 건 별로 없는 도시풍경과 같은 거다.

이것은 당신이 명심해야 할 서사의 핵심 원칙이지만 그래도 때로는 실수를 하게 될 것이다. 이것을 제대로 이해하지 못한다면, 여러분은 아마 연구실에서 벌어지는 수십 가지 현상을 강의하는 사람 중 한 명이 될 것이다. 당신은 물론 그 모든 요소에 열정이 있겠지만 청중에겐 두고두고 기억할 만한 영향을 주지는 못할 것이다.

과학자들은 '적은 것이 더 많은 것' 원칙을 이해하기가 정말 어렵다. 어떻게 아느냐고? 나도 12분 동안 73개의 슬라이드를 보여주며 강연했던 과학자였기 때문이다. 지금도 가끔 그런다. 어쩌겠는가, 뇌의 배선에 결함이 있는 것을. 하지만 일말의 자각은 있다. 그래서 서사는 변덕스럽고 위험할 수 있다는 첫 번째 요점을 전달하기 위해 이 얘기를 꺼냈다. 그 저변엔 스토리텔링의 힘은 구체화에 있다는 중요한 규칙이 있다.

구체성이 부족한 서사는 힘이 없다. 정치인의 연설은 지루할 때가 많다. 왜냐하면 그들은 당선이 된 이후 그 구체성에 휘말리고 싶지 않기 때문이다. 그들은 "제가 당선된다면 지역발전을 위해 힘쓰겠습니다."라고 얘기한다. 청중이 그 방식에 대해 질문하면 '발전이 필요한 모든 부분'에 신경 쓰겠다고 대답한다. 청중을 지루하게 만들지 않으려면 구체적인 공약이 필요하다.

이 현상을 이해하면 적용법도 알 수 있다. 한 개는 구체적이고 두 개는 그보다 덜 구체적이다. 최대의 영향력은 하나에서 발휘될 수 있다. 이 규칙은 또한 간결함을 반영한다. 한 사람의 이야기가 두 사람의 이야기보다 간결한 것이기 때문이다.

"사람들은 간결한 이야기를 좋아한다." 당신도 이 말을 자주 들어보았을 텐데, 정말 사실이다. 복잡한 진실을 전달하고자 하는 사람에겐 한숨 나오는 일이겠지만 어쩔 수가 없다. 복잡한 것을 간결하게 전달하는 게 바로 도전이다.

이것의 의미를 생각해보자. 만일 당신이 아프리카에 가서 질병으로 죽어가는 세 명의 소녀를 만나고 미국으로 돌아가 이 소녀들을 구하기 위한 모금운동을 한다고 친다면, 이 세 소녀의 구구절절한 이야기를 전부 전달하고자 하는 생각이 선뜻 들 테다. 당신이 '포괄적으로' 세 소녀의 이야기를 균등하게 전달하고자 하는 욕구는 당연하다. 하지만 슬픈 진실은 만일 당신이 진정으로 이 모든 소녀를 돕고 싶다면 그중 한 소녀를 선택해서 깊이 있고 최대한 구체적인 이야기를 집중적으로 만들어 낼 필요가 있다는 것이다. 그러면 사람들의 마음을 움직일 확률이 더 높아지게 된다. 어렵겠지만 당신의 그 결정으로 인해 세 소녀가 모두 혜택을 받게 될 것이다.

이 말은 세 명의 공동연구를 당신만의 이야기로 만들라는 의미가 절대 아니니 오해가 없기 바란다. 더 많은 청중이 대상일 땐 한 가지 이야기를 하는 게 큰 상관이 없을 때도 있다. 그러니 동료연구원을 배신하면 안 된다. 내가 하는 얘기의 요지는 기초적인 서사의 역학을 이해하고 그것을 적절하게 활용하는 것이 중요하다는 것이다.

간결한 이야기를 전달하라는 제안에 불만이 있을 수 있다. 하지만 그것은 모든 과학자의 도전이 되어야만 한다. 끝도 없는 정보 속에서 하나의 이야기에도 집중할 수 없게 만드는 과학자의 성향 때문에 지구온난화와 같은 중대한 과학 이야기가 대중에게 각인되지 않은 것이다.

왜 그토록
서사에 집착하나?

서사가 도대체 뭐기에 모두 야단법석이지? 그렇다면 서사가 어떻게 적용되며 어떤 장점이 있는지 과학적으로 설명해보도록 하자. 작지만 강력한 예로서 서사의 효과를 다룬 신경생리학 연구를 살펴보기로 하자.

2008년도에 유리 하슨Uri Hasson과 그의 동료들은 영화 신경학을 연구했다. 서사가 있거나, 또는 없는 영화 클립을 시청하는 사람들의 뇌 반응을 기능적 자기공명영상fMRI으로 촬영한 것이다.

명확히 해두자. 나는 요즘 유행하는 신경생리학에 회의적인 편이다. 나는 아담 고프닉Adam Gopnik이 《뉴요커》지에 발표한 〈마인드리스: 새로운 뉴로-회의론Mindless: The New Neuro-skeptics〉을 흥미롭게 읽었으며 유사한 회의론을 주장하는 영국의 블로그, '가짜 뇌과학의 실체를 벗기다Neurobollocks: Debunking Pseudo-Neuroscience So You Don't Have To'를 좋아한다. 그런데도 하슨과 만나서 그의 연구에 대해 들었을 때 놀라지 않을 수 없었다. 내가 그에게 아주 미세한 뇌의 반응도 측정했냐고 묻자 그는 어깨를 들썩이며 기능적 자기공명영상의 한계에 대해 반복해서 설명했다. 내가 여기서 소개하는 그의 연구는 해석의 측면에서 볼 때 상당히 간결하다.

하슨과 그의 동료들이 실험한 서사 구조는 내가 이 책의 소개 부분에 제시한 것의 연장선에 있었다. 그 끝에는 고도로 서사적인 히치콕 영화의 클립들이, 다른 쪽 끝에는 사람들이 워싱턴 스퀘어 공원 주변을 걸어 다니는 서사 없는 장면 클립들이 있었다. 실험은 다음과 같은 두 가지 주요결과를 나타냈다.

1. **서사는 뇌를 가동하게 만든다** 서사적 클립을 보는 사람들의 뇌는 그렇지 않은 사람들에 비해 현저히 높은 반응을 나타냈다.
2. **서사는 집단의 사고를 통일시킨다** '집단 사고'가 나쁘다는 것은 나도 안다. 하지만 이 효과는 '집단 사고'와는 거리가 있다. 강한 서사가 있는 영상클립을 단체에 보여줬을 때 그들의 뇌는 유사한 반응을 보였다. 서사가 강한 히치콕 영화의 클립을 시청한 사람들의 뇌 반응 패턴이 그렇지 않은

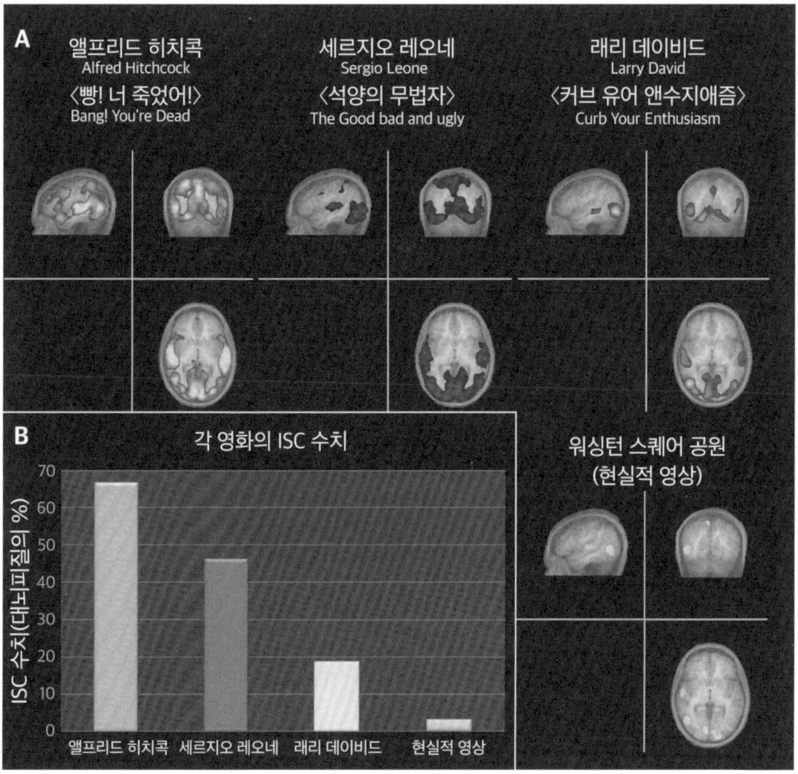

그림 8 영화 신경학. 하슨과 그의 동료들은 기능적 자기공명영상을 이용해 앨프리드 히치콕의 영화처럼 서사가 강한 클립을 보는 사람들과 워싱턴 스퀘어 공원을 배회하는 사람들을 촬영한 클립을 보는 사람들의 뇌 반응을 측정했다. 서사적 클립을 보는 사람들의 ISC가 그렇지 않은 사람들의 것보다 현저히 높게 기록되었다. 승인을 받아 사용함.

워싱턴 스퀘어 공원의 클립을 시청한 사람들보다 서로 유사했다. 하슨과 동료들은 주제의 상호관계 또는 ISC Inter-Subject Correlation라고 부르는 주제에 따른 유사성 색인을 계산했고 그 결과 서사는 70%의 ISC, 그리고 반서사는 10~20%의 ISC를 나타냈다.

긴장감 넘치는 영화 클립을 시청하는 사람들의 반응을 직접 본다면 이 결과는 놀라울 게 하나도 없다. 총구를 마주한 남자를 보면 모든 사람은 같은 생각을 할 테니까. "이 남자가 총에 맞을까?"

대조적으로 반反 서사적 클립을 본 사람들의 마음은 이리저리 헤맬 것이다. 이것은 히치콕 영화의 클립을 본 사람들은 남자가 총에 맞을 것으로 생각하며 실험을 마친 것에 반해 워싱턴 스퀘어 공원의 영상을 본 사람들 중 누구는 비둘기, 누구는 벤치에 앉아 있는 사람들이 주제라고 하는 등 여러 가지 다른 경험을 한다는 것을 의미한다.

그러므로 이 실험결과는 과학 논문의 집필에 있어서 서사의 힘을 언제 어디서 사용하느냐의 중요한 구분이 된다. 과학은 가설-귀납적 접근을 통해 발전한다. 데이터가 제시되고 발표를 하고 나면 우리는 당신의 주장이 정말로 모든 지식과 경험에 바탕을 둔 것이라고 기대한다. 이것이 이후에 '토론'으로 이어지는 이유다.

효과적인 의사소통을 위해선 집중이 요구된다. 모두 같은 생각을 하고 또 활동이 활발한 뇌의 양이 사고의 질에 비례한다고 가정했을 때 서사가 있는 클립을 시청한 사람들이 아마도 더 많은 부분의 뇌를 사용했을 것이다. 이것이 바로 이야기의 힘이다. 이야기가 모두를 하나로 모을 수 있게 해준다. 분명하고 명확한 문제의 제시가 사람들의 사고를 통일시킨다는 뜻이다.

해결사의 합중국

서사는 과연 얼마만큼 단일화되었는가? 제2차 세계대전을 살펴보자. 아마도 인류역사상 가장 단일화된 이벤트였을 것이다. 미국인들은 이 전쟁을 어떻게 승리할 것인가 하는 문제에 함께 봉착해있었다. 그래서 모두가 힘을 합쳤고 결국 전쟁에서 승리했다. 이들에겐 그 전쟁이 삶의 가장 중요한 경험이었다는 공통점이 있었다.

이것이 바로 1985년 논픽션 부문에서 퓰리처상을 받은 스터즈 터클Studs Terkel의 저서, 《선한 전쟁Good War》의 주제다. 터클은 제2차 세계대전이 모든 세대의 삶에서 가장 의미 있는 경험이라고 말한다. 제빵공장에서 일하느라 전쟁을 겪지 못한 사람도 빵 만드는 일을 전쟁에서 승리하기 위한 노력으로 느꼈다. 문제가 해결(전쟁에서 이김)되고 나서는 모두의 삶이 의미 있게 느껴졌다는 것이다. (차후 도브잔스키 구성을 논할 때를 위해 의미 있다는 문구를 마음에 새겨두기 바란다.)

서사의 핵심에 대한 문제와 해법의 역학관계를 인식하는 것은 풀리지 않는 이야기를 들고 나를 찾아오는 많은 사람의 시작점이다. 나는 주로 문제의 핵심이 뭐냐는 질문으로 상담을 시작한다. 그들은 "대중에게 우리의 습지 관리 프로그램에 관해 얘기하고 싶은데요."라고 대답한다. 그럼 나는 다시 묻는다. "그러니까 당신 프로그램의 핵심적 문제는 뭐냐고요?" 그제야 그들은 "습지가 너무 많이 파괴됐어요."라고 답한다. "바로 그거예요. 핵심문제가 파악되기 시작하는군요. 당신이 풀고자 하는 핵심적 문제는 바로 어떻게 하면 습지의 파괴를 막을 수 있느냐는 거예요. 맞죠? 이제 그 문제에 맞는 이야기를 만들면 돼요."

스토리텔링은 제시된 문제의 파악에서 시작된다. 타라Tara에서 스칼렛 오하라의 문제, 카사블랑카Casablanca에서 릭 블레인의 문제, 지구에 온 E.T.의 문제, 머나먼 은하계에서 루크 스카이워커의 문제가 뭔지 등이 먼저 파악되어야 한다. 서사는 결국 문제 제시와 해결이며 그 점에선 과학도 마찬가지다. 그러니까 과학이 서사를 더 잘 활용한다면 더 나은 결과를 불러올 수 있다.

그런데 왜 안 그럴까?

인문학을 건너뛰기

과학자로서 난 내 교육과정에서 무엇이 결핍되었는지 결코 알지 못했다. 그러다가 안주했던 뉴햄프셔대학교의 생물학과를 빠져나와 열정적인 할리우드의 서사 세계에 접어들어서야 무슨 일이 일어났던 건지 명확하게 알 수 있었다.

나는 정년보장 교수로서 해박한 지식을 가졌다고 자부했다. 할리우드가 도전적일 거라는 건 예상했지만 힘든 삶의 여건 속에서 과학자가 되기 위한 질주를 하느라 내가 얼마나 심각한 결핍이 있었는지는 자각하지 못했다. 영화과 입학 후 그 사실을 자각하기까지는 일주일도 채 걸리지 않았다. 50여 명의 동기 대부분은 영어, 역사, 예술, 음악 등을 전공한 인문학부 출신이었고 과학자는 나 혼자였다. 그들은 서사를 거의 직관적으로 이해했고 나는 그러지 못했다.

그 핸디캡은 나의 뮤지컬 코미디 단편영화를 통해 여실히 드러났다. 관객들의 반응은 좋았지만 별 이야기가 없는 엉뚱하고 거친 영화였다. 하지만 과학으로부터 영화계로의 입문은 그리 낯선 것만은 아니었다. 분야의 특성과 설정은 물론 달랐지만 유사한 과정이 느껴졌다. 많은 사람이 과학에서 영화로의 여정이 이상하지 않았냐고 묻는데, 그럼 나는 두 분야가 차이점보다는 유사점이 더 많은 것이 오히려 인상 깊었다고 대답하곤 한다.

38세의 나이에 시작한 새로운 여정의 초기에 나는 이야기와 그것의 중요성, 그리고 그것이 얼마나 삶에 만연해 있는지 알지 못했다. 나는 과학자로 훈련받았기 때문이었다. 기본적 문제가 바로 여기 있다. 과학자는 학부시기에 인문학을 건너뛰고 과학자로서만 최대치의 훈련을 받는다. 나 역시 그런 과정을 거쳤고 이런 과학자가 나 혼자만은 아니었다.

2년 전 나는 세계 최대 규모의 과학단체인 미국 과학진흥회AAAS, American Association of the Advancement of Science에서 이 얘기를 했다. 그 당시 미국 과학진흥회의 회장인 앨런 레스너Alan Leshner는 중간에 끼어들어, "나도 그랬습니다. 나는 대학에서 과학만을 공부하고 싶어서 대부분의 인문학 강좌는 수강하지 않았습니다."라고 증언했다.

이것이 과연 과거만의 문제일까? 절대 아니다. 브라운대학교를 갓 졸업하고 내 보조연구원으로 일했던 스테파니 인Stephanie Yin과 대화를 한 적이 있다. 브라운대학교에서는 학생들이 스스로 커리큘럼을 설계할 수 있게끔 허락한다. 스테파니는 어떻게 했을까? 그녀도 마찬가지였다. 그녀는 과학자가 되기 위해 대학교에 왔기 때문에 과학 과목들만 수강했다. 인문학 과목으론 논픽션 작문, 그래픽 소설, 중국계 미국인 역사 세미나, 그리고 몇 학기 동안의 힌디어 과목이 전부였다. 문학이나 서양사, 셰익스피어 등은 없었다.

나는 미국 국립보건원의 박사후과정생을 위한 워크숍에서 중요한 질문을 던진 적이 있다. 그중 과연 몇 명이나 기초적인 서사 원리에 대한 교육을 받았는지에 대해서였는데, 단 한 명도 없었다.

물론 과학자는 비판적인 사고를 키우고 타인의 오류를 잡아내도록 훈련받는다. 혹자는 '내 과학자 친구 중엔 인문학 강좌를 많이 수강한 사람도 있다.'라는 생각을 할 수도 있다. 내 주변에도 그런 친구들이 있다. 하지만 대다수 과학도는 인문학을 건너뛰는 게 사실이고 그것은 질타할 일만은 아니다. 과학은 재밌다. 생명의 정의에 관해 연구할 수 있는데 왜 디킨스Charles Dickens나 초서Geoffrey Chaucer를 읽는 데 시간을 낭비하나?

그럼 무엇이 문제일까? 이 책에서 여러 번 등장할 저명한 과학자들을 언급해보도록 하자. 우선 제임스 왓슨James Watson이다. 그는 DNA 구조를 공동 발견했을 뿐만 아니라 자신의 경험을 바탕으로 저서를 집필했다. 우리는 3부에서 그의 저서를 서사적 구조로 분석해 볼 것이다. (나는 그가 이 발견에서 공적을 인정받아야 마땅한 사람들을 배제한 것에 대해 질타를 받는 사실을 잘 알고 있다. 하지만 이를 내가 언급했던 단일 서사의 맥락에서 생각해보자. 그는 과학해설자로서 그 원리를 십분 활용한 것이다. 그렇다고 내가 당신에게 왓슨을 따라하라고 제안하는 것은 절대 아니다. 왜냐하면, 그는 그 원리를 다른 사람에게 손해를 끼치는 잘못된 방식으로 활용했기 때문이다. 나는 단지 왓슨처럼 서사에 대한 깊은 이해도를 가지고 적법한 방식으로 그것을 활용하라는 주장을 펼치는 것뿐이다.)

왓슨의 학부과정은 어땠을까? 그는 유쾌하게 심술궂은 제목을 붙인 그의 자서전, 《지루한 사람과 어울리지 마라Avoid Boring People: Lessons from a Life in Science》를 통해 학부 시절에 만난 최고의 선생님을 언급하며 이렇게 말했다. "인문학II 과목에서 도스토옙스키의 〈카라마조프의 형제〉와 종교적인 권위를 고수함으로써 제공되는 자유와 안전의 선택에 관한 그린Green 교수의 강의는 특히 감동적이었다." 나는 학부 시절에 도스토옙스키에 관한 강의를 과연 몇 번이나 들었을까?

후반부에 왓슨이 얼마나 완벽에 가까운 서사 구성을 했는지 보게 될 것이며 그것은 과학사에서 가장 중요한 논문이 될 수도 있다. 이후 그는 《이중나선The Double Helix》에서 그 완벽함을 다시 보여주었다. 그의 과학적 성공과 강력한 인문학 배경은 절대 우연이 아니다. 그는 서사적 직관에 관한 강력한 재능이 있었음이 분명하다.

대학원에서 나는 대단한 커뮤니케이션 역량을 가진 두 교수를 우러러봤다. 스티븐 제이 굴드Stephen Jay Gould• 와 에드워드 윌슨E. O. Wilson이다. 두 사람

• 스티븐 제이 굴드 미국의 고생물학자, 진화생물학자 및 과학사가. 1941년 출생하여 2002년 타계했다. 그는 박사과정 시절부터 인종주의에 반대하는 정치적 활동에 참여했고, 이후 과학의 남용을 비롯해 자본주의 사회 속 과학의 역할에 대한 비판을 지속해나갔다. 진화 이론에서 자연선택만을 강조하는 것이나, 이를 인간에게 적용하는 사회생물학이나 진화심리학 등을 반대하였다. 오랫동안 하버드대학교의 교수로 재직하였으며 말년에는 미국 자연사 박물관에서 일하며 뉴욕대학교에서 생물학과 진화 이론을 강의하였다. 《풀하우스》, 《인간에 대한 오해》 등 세상을 떠날 때까지 많은 저서와 논문을 남기며 과학의 대중화에 큰 기여를 하였다.

다 전설적인 생물학자이며 대단한 강연자다. 그리고 인문학적 소양이 엄청나게 깊다. 그들에게 관심을 가졌던 이유 중 하나는 내가 못 배운 걸 가졌기 때문일 수도 있다.

내가 이 결핍을 채우는 데 도대체 얼마나 걸렸는지. 1994년 영화과 오리엔테이션 주간에 나보다 적어도 10년은 아래지만 그래도 '나이 든' 세 선배가 학과 생활에 대한 긴 조언을 하면서 명확하게 말해주었다. 졸업 후 할리우드로 가면 거기서 가장 중요시하는 건 시나리오라고. 뮤직비디오나 광고처럼 영상미에 특화된 감독을 찾는 게 아닌 이상 그들은 당신이 얼마나 훌륭한 영화를 만들었는지는 신경도 쓰지 않는다고. 영화과는 영화제작의 대뇌 요소를 훈련하는 곳이며 그 요소는 바로 시나리오 쓰기다. 그래서 졸업 전 적어도 세 개의 장편 시나리오는 써놔야 한다. 그게 유일한 희망이기 때문이다.

그 시점에 나는 여전히 과학자였기 때문에, 나는 과학자들이 주로 하는 걸 했다. 듣지 않는 것 말이다. (과학자를 모욕했다고? 천만에. 미국 국립과학원의 회원이자 국제자연보호협회The Nature Conservancy의 최고과학자인 피터 카리에바Peter Karieva는 《말문 트인 과학자》를 읽고 "과학자가 소통에 실패하는 이유는 남의 말을 들을 줄 모르기 때문이다. 특히 그 대상의 교육수준이 낮으면 더욱 그렇다."고 말했다.)

나는 글쓰기의 중요성, 즉 스토리텔링을 배우라는 영화과의 조언을 무시했던 것이었다. 이야기를 꾸미는 데에는 전에 언급했던 서사적 직관이 필요하다. 내 동기들은 학부 때 엄청난 소설을 읽었다. 그들의 뇌엔 이미 서사의 구조가 각인되어 있었다. 대조적으로 나는 학부 시절 계통수phylogenetic tree에 관한 책을 읽었다. 나는 동기들에게 유조有爪동물이나 완보류緩步類에 대해 상세히 설명해 줄 수 있었다……. 하지만 서사적 배경은 없었다.

영화과에 3년이나 다녔고 작법강좌를 5개나 들었으니 어느 정도는 따라 갔겠지? 천만에. 졸업 후 장편 코미디영화를 써서 연출하고, 할리우드 3대 에이전시가 탐내는 시나리오를 집필하고, 엄청난 주목을 받았던 바다에 대한 단편영화(내가 연출하고 코미디언 잭 블랙Jack Black이 출연한 공익광고로 천만이 넘는 시청률을 기록했다)를 만들었어도 여전히 부족했다.

영화를 만들기 시작하고 나서부터 서사의 중요성에 대한 깊이 있는 직관을 가지기까지 무려 16년이나 걸렸다. 2005년에 만든 장편 다큐멘터리 〈바보들의 향연Flock of Dodos〉 때에서야 비로소 깨닫게 됐다. 이 얘기는 《말문 트인 과학자》에서도 언급한 바 있다.

서사적 직관을 가지기란 이렇게 힘든 것이다. 뇌가 과학자 스타일로 굳어버렸을 땐 더욱 어렵다. 그럼 아예 희망이 없을까? 그렇지는 않다. 단지 오랜 시간과 노력이 필요할 뿐이다. 어느 때보다 커뮤니케이션 역량이 요구되는 오늘날 서사적 훈련은 값진 것이라 할 수 있다. 아니, 필수적이다.

동시대는 서사의 세계다: 인정하라

서사의 규칙 중엔 반직관적이어서 습득하기 힘든 것도 많다. 그것은 다음에 다시 언급하기로 하고 지금은 주요 요점으로 돌아가기로 하자. 서사의 세계에

사는 과학 말이다. 과학자들은 그들만의 독특한 커뮤니케이션 방법을 개발하지 않았다. 대신에 자신들의 언어를 기존의 세계에 가져다 붙였다.

그러다가 '과학 커뮤니케이션'이라는 새로운 학문 분야가 생겨나긴 했지만 나는 그리 독특한 게 없다고 생각한다. 아니, 오히려 오해를 불러일으키기도 한다. 나는 무언가 특출한 듯 자신을 '과학 커뮤니케이터'라고 소개하는 사람들을 만난다. 그것은 자신을 '야구 주자', 혹은 '축구 주자'라고 소개하는 것과 마찬가지다. 달리기는 어느 운동경기나 비슷하며 커뮤니케이션도 분야를 막론하고 비슷한 건 마찬가지다.

과학 논문은 1665년부터 고유의 구성을 갖추기 시작했다고 설명했다. 하지만 헤겔의 변증법이 그것을 대체했고 과학 논문은 거기 적응했다. 언젠가는 과학계도 서사나 헤겔의 변증법에 의존하지 않는 새로운 양식을 개발할 수 있다. 하지만 현재까지 그런 움직임은 감지되지 않으며 서사에 대한 의존도가 줄어들지도 않는다. 최근에 출판된 도서에서 서사라는 단어를 얼마나 높은 빈도로 사용했는지 확인하려면 그림 9를 보라.

지난 20여 년간 서사라는 단어의 사용은 정보의 범람과 비례하게 폭주했다. 요즘은 뉴스전문가나 정치가, 기자, 역사학자, 경제학자 등 세상과 소통하려는 모든 이들로부터 그 단어를 끊임없이 듣는다.

〈데일리 쇼Daily Show〉의 존 스튜어트Jon Stewart가 오바마 대통령에게, "당신은 민주당의 서사를 믿습니까?"라고 묻기도 했었다. 방송에서 항상 서사라는 단어를 사용했던 건 아니다. 저명한 뉴스 앵커, 월터 크론카이트Walter Cronkite의 방송을 보라. 그는 한 번도 베트남 서사, 외계인 서사, 또는 중국 서사 같은 단어를 사용하지 않는다. 서사라는 단어는 방송에서 쓰이지 않았다.

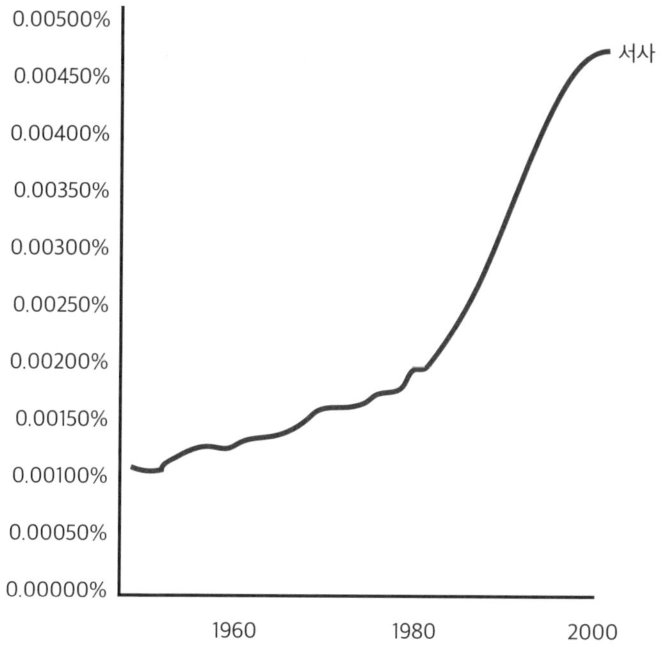

그림 9 최근에 출판된 도서에서 서사라는 단어가 등장하는 빈도. 구글의 N그램 뷰어를 사용하면 지난 수십 년간 출판된 도서에 등장하는 단어의 빈도를 검색할 수 있다. 그 결과 1980년을 기점으로 정보량이 급증했고 서사라는 단어의 사용도 그와 비례하는 것을 확인할 수 있었다.

하지만 요즘은 그 단어를 어디서나 듣게 되는데, 나는 그 이유가 정보의 범람 때문이라고 생각한다. 서사란 시간에 따른 여러 사건을 큰 규모의 패턴으로 엮어놓은 이야기다. 정보가 많으면 사람들이 더 높은 수위의 패턴을 찾게 되는 건 당연한 이치다. 과학자들이 서사의 세계에 갇혀있다는 것을 인정한다면 도움의 필요성을 느낄 것이다. 과연 누구에게 도움을 요청할 수 있을까?

3

그리고 인문학이 도움에 나선다

나에게 기가 막힌 아이디어가 있다. 당신은 대학생 과학도이고 서사적 도움이 필요하다고 느끼는 상황이라고 가정하자. 캠퍼스 반대편에는 온종일 서사를 공부하는 인문학도들이 득실댄다. 왜 그들에게 도움을 요청하지 않지? 이상적인 세계라면 인문학도들에게 도움을 요청하는 게 최상이다. 사실상 과학도 인문학도들이 추구하는 것과 별반 큰 차이가 없다.

다
같은 이야기다

과학과 인문학의 공통과제인 '문제 제기-해결'에 대해 얘기해보자. 과학적 방법은 문제해결에 기인한다는 건 모두가 아는 사실이다. 저명한 사전의 과학적 방법에 대한 정의가 여기 있다.

> 문제를 인지하고 그것의 해결을 위해 관찰과 실험, 그리고 그것을 뒷받침할 데이터에 의존하는 방법.

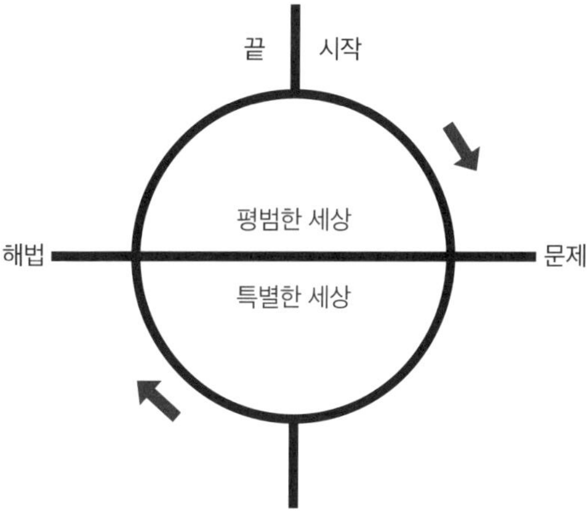

그림 10 이야기 원형모델. 이보다 더 단순할 순 없다. "원점으로 돌아온다."라는 표현을 들어본 적 있는가? 이것이 바로 서사의 섭리다.

문제 제기와 해결이란 단어에 주목해보기 바란다. 당신은 문제 제기를 질문의 형태로 작성하고 그것에 대한 해답을 추구한다. 이것이 과학자의 일상이다.

이제 이야기 구성과 1940년도에 과학자의 성향으로 이야기 축제를 박살냈던 조지프 캠벨로 돌아가 보자. 그는 범세계적 이야기 구성을 발견하고 그것을 원형신화라고 명명했다. 이야기 구조를 원형으로 설명한 것이다. 캠벨의 놀랍도록 간단한 원리에 의하면 이야기는 외적이든 내적이든 어떤 시점에서 시작해서 무언가를 하고 궁극적으로 회귀하는 '원형'의 형태다.

이것은 이야기 역학을 이해하기 위한 첫 단계로 볼 수 있다. 내가 스토리텔링의 표본처럼 생각하는 〈오즈의 마법사〉를 보면 주인공 도로시도 캔자스를 떠나 오즈에 갔다가 다시 캔자스의 집으로 돌아온다. 원형 형태의 여정인 것이다. 이야기 역학을 이해하기 위한 두 번째 단계는 전체 이야기를 두 개의 다른 세계 사이의 여정이라고 보는 것이다. 바로 그림 10에서 캠벨이 명명한 것처럼 평범한 세계와 특별한 세계다. 평범한 세계는 당신이 평생 살아가고픈 세계다. 그 세계는 완전한 편안함과 안전을 보장한다. 당신은 그곳을 떠나고 싶지 않다. 하지만 살다 보면 도로시가 태풍에 휘말리듯이 평범한 세상에서 떠밀려 나가는 일들이 생기기도 한다. 그때부터 당신은 다시 안전한 세계로 돌아가려는 주된 목적을 가지게 된다. 도로시가 오즈에 도착하자마자 원하는 게 뭐였지? 맞다. 집으로 돌아가는 것, 즉 평범한 세계로의 귀환이다.

그러니까 당신은 평범한 세계를 떠나자마자 다시 돌아가기 위한 해답을 얻기 위해 여정을 떠나야 하는 문제에 봉착하게 된다. 그곳에 문제 제기와 해결이라는 당신의 이야기가 있다. 과학과 마찬가지다. 다 같은 '이야기' 아닌가.

이야기를 이런 관점에서 보기 시작하면 그것이 당신이 삶에서 매일 경험하는 것이라는 사실도 자각하게 된다. 집(평범한 세상)에서부터 하루를 시작한다. 그리고 어딘가(특별한 세상)로 향하다 결국은 집으로 돌아온다. 이후 술집에 가서 친구들에게 당신의 하루에 대한 '이야기'를 해준다.

그러니까 당신이 영문학과에 가서 "우리에게 서사에 대한 도움을 줄 수 있나요?"라고 외쳐야 하는 건 당연한 일 아닐까?

하지만 나는 결코 그것을 추천하지 않는다. 이유는 다음과 같다.

4

하지만 인문학은 쓸모가 없다

팔꿈치에 패치를 덧댄 트위드재킷 차림의 교수들에게 얻어터지기 전에 친구인 제럴드 그라프 뒤에 숨어야겠다. 그는 아내인 캐시 버켄스타인과 함께 논증에 대한 너무나도 유명한 저서, 《그들이 말한다, 내가 말한다》를 집필했을 뿐만 아니라 학자들의 코를 비트는 버릇도 있었다. 그는 또 다른 저서, 《멍청한 학자Clueless in Academe》에서 학자들을 아주 심하게 꼬집는다. 그 저서의 첫 장은 '어둠 속에선 학자들도 무용지물이다In the Dark All Eggheads Are Gray'라는 제목으로 시작한다.

제럴드 그라프는 나의 영웅이다. 그는 노년에도 얼마든지 열정의 불꽃을 내뿜을 수 있다는 것을 입증한 사람 중 하나다. 이 저서는 학계의 상황을 아는 모든 사람을 대변하는 기소장이다. 학계는 문화와 동떨어진 떠버리들의 피난처다. 강의와 연구는 가능할지 모르나 학계 밖으로 나가면 무용지물인 사람들 말이다. 물론 모두가 그런 것은 아니겠지만.

인문학에도 여러 가지 건강하지 못한 문제들이 있다. 지난 수십 년간 '인문학의 위기'라고 불리는 일들이 있었다. 2014년도에 벤저민 윈터할터Benjamin Winterhalter는 《아틀랜틱Atlantic》지에 기고한 '인문학의 사망에 대한 섬뜩한 황홀함The Morbid Fascination with the Death of the Humanities'이라는 제목의 글을 통해 이 문제를 점잖게 꼬집었다. 윈터할터는 인문학의 몰락에 대한 애도의 현황을 소개했다. 나는 1980년대 에릭 허쉬E. D. Hirsh가 집필한 사회갈등에 관한 저서 《문화 소양Cultural Literacy》을 통해 인문학의 하향세를 처음 접했다. 이 저서는 새로운 정보의 시대에 대학들이 인문학 강좌를 과학이나 공학 강좌로 대폭 교체하면서 생겨난 "세상이 지금 어디로 가는 거지?"라는 우려의 시발점이었다. 미국 전역에서 학생들이 문학 강좌를 컴퓨터공학 강좌로 대체했다. 언어가 바뀌게 된 것이다.

윈터할터는 이런 상황에 대한 《뉴욕타임스》 특집 면의 고충에 관해 얘기한다. 《뉴 퍼블릭New Public》은 '인문학의 임종Humanities Deathwatch'이라는 제목의 기사를 실었다. 2009년에 마크 슬루카Mark Slouka는 《하퍼Harper》 지에 '인간성의 말살: 수학과 과학이 학교를 장악할 때Dehumanized: When Math and Science Rule the School'라는 제목의 글로 이 문제를 절실하게 호소했다. (나는 2009년에 나의 첫 번째 저서와 관련해서 슬루카에게 전화를 했다. 그는 내가 과학 옹호주의자라고 판단하고 나에게 꺼지라고 했다.) 인문학프로그램의 축소는 걷잡을 수 없는 상태에 접어들었다. 그라프는 《멍청한 학자》를 통해 이 문제에 있어 보수주의자와 진보주의자의 틈이 넓어졌다고 했다.

뉴욕대학교의 물리학과 교수이자 학계의 전설적인 악동 중 한 명인 앨런 소칼Alan Sokal• 은 1990년대의 인문학이 얼마나 정치화된 난장판인지를 보여주기 위해 포스트모던 문화학 학술지인 《소셜 텍스트Social Text》에 가짜 논문을 제출했다. '경계를 넘다: 양자 중력에 대한 성서해석의 변화 가능성에 관해Transgressing the Boundaries: Towards a Transformative Hermeneutics of Quantum Gravity'라는 제목의 논문은 편집자들의 정치성을 조롱하기 위해 의도적인 막말로 작성되었다. ("허허, 성서해석이라……."라고 말하는 멍청이들의 모습이 머릿속에 그려진다.) 1996년에 이 논문이 《소셜 텍스트》에 게재되고 난 후, 소칼은 《링구아 프랑카Lingua Franca》라는 다른 학술지에 그 논문이 날조였다는 사실을 고백했다. 그는 논문이 "좌익적 위선에 아첨적 참고문헌, 과도한 인용, 그리고 완전한 난센스의 짜깁기다."라고 얘기했다. 예상할 수 있듯이 인문학자들은 소칼의 장난에 관대할 수 없었다. 이 사건은 문학의 상징이자 물리학자인 찰스 스노우C.P. Snow가 1959년 발표해 인문학과 과학의 경계에 대한 논란을 일으켰던 '두 문화Two Cultures'라는 제목의 논문에 대한 오랜 고민의 딱지를 뗐다.

소칼의 짓궂은 장난은 1997년도 '문화전쟁'이라는 심포지엄에 불씨를 댕겼으며 그 내용은 아이러니하게도 2001년도에 《하나의 문화The One Culture》라

• 앨런 소칼 미국의 물리학자. 1955년 출생했다. 유니버시티 칼리지 런던 수학과 교수, 뉴욕대학교 물리학과 교수직을 맡고 있다. 주전공은 통계역학과 조합론이지만, 그보다는 소칼 사건을 일으킨 것으로 더 유명하다.

는 제목의 책으로 정리되었다. 하지만 참가자 대부분의 묵인 하에 두 학문 간의 거리는 멀어지기만 했다.

슬픈 일이 아닐 수 없다. 아무리 훌륭한 과학자도 그 단절을 잇는 가교 역할을 하지 못했다. 하버드 대학원과정 1년 차에 나는 세계 최고의 생물학자인 에드워드 윌슨의 조교로 활동했다. 그는 '곤충학의 아버지' 혹은 '다양 생물학의 아버지'로 불리며 퓰리처상을 두 번이나 수상했다. 그는 스티븐 제이 굴드와 함께 명강연자로 유명했으며 70년대 후반에 하버드를 생태학과 진화론을 배울 수 있는 매혹의 장으로 이끌었다.

1998년도에 그는 《통섭 Consilience》이라는 제목의 저서로 인문학과 과학의 단절 속으로 뛰어들었다. 그는 이 두 분야가 융합되기를 바랐다. 나도 출간 즉시 읽어봤는데 그야말로 강력하고 대단한 글이었다. 하지만 부끄럽게도 나는 돈 때문에 그 글을 읽은 것이었다. 나는 당시 할리우드의 내셔널 지오그래픽 영화부서에서 일하고 있었는데 영화화가 가능한 글을 읽는 업무를 맡고 있었다. 그들이 대가를 지급했기에 열심히 읽었지 그렇지 않았더라면 나는 아마 20페이지를 넘기지도 못했을 것이다.

언급했듯이 그것은 인문학과 과학을 융합하자는 취지의 대단하고 박식한 글이었지만 지식인을 위한 지식인의 글이었기에, 결과적으로 학계에는 맞을지 모르나 일반적인 현실사회에서는 제한적인 글이었다. 그럼 다시 인문학으로 돌아가 보자. 나는 그들이 과학계의 중대하고도 심각한 문제인 서사의 결핍을 채워주기에는 무리가 있지 않나 싶다. 과학자들은 도움이 필요하지만, 그 도움은 이론을 넘어 현실에서 일하는 사람들에게서 와야 한다. 그래서 나의 제안으로 넘어가자면…….

5

그러므로 할리우드를 구원자로

너무 충격적인가? 좀비와 뱀파이어, 그리고 트랜스포머 이야기를 만들어내는 사람들이 과학에도 도움을 줄 수 있다니. 그것이 바로 20여 년간 학계를 떠난 내 외도에서 얻은 결과다. 제럴드 그라프는 그의 저서 《멍청한 학자》에서 "학문적 논쟁이 특히 치열한 이유는 학자들은 별 위기의식이 없기 때문이라는 옛말이 있다."라는 말로 내 관점을 반영했다.

바로 그게 문제다. 학자들은 정년보장만 받으면 별다른 위기감이 없다. 하지만 할리우드는 매일, 매시간 위기감이 존재한다. 할리우드에 통용되는 표현이 있다. 그것은 지독한 진실이며 매일 듣는 얘기다. "당신은 당신의 가장 최근 영화만큼 대접받는다." 그러니까 당신이 얼마나 존경받는 사람인지는 중요하지 않다. 영화 하나 망하면 재기까지는 오랜 시간이 걸리니까.

이것을 과학적 관점에서, 특히 진화가 자연적 선택이라는 관점에서 한번 바라보자. 자연엔 다급한 적응을 위해 순리적 선택을 해야 하는 척박한 환경도 있고 반면 상황이 좋아서 다급한 진화적 선택을 하지 않아도 되는 환경도 있다. 학자들은 '다급하게 선택을 하지 않아도 되는 환경'에 놓여있다고 할 수 있다. 대학은 정말 학문적 동기부여가 되고 재미있는 곳이지만 한편으론 현실 세계와 단절되기 쉬울 뿐만 아니라 약자에 대한 포용도 낮다.

내가 교수의 신분으로 직접 목격한 것이다. 정년을 보장받았다는 이유로 교수들이 어떤 행동을 하는지 상상하기 힘들 것이다. 한 노년의 교수는 심각한 알코올중독자였다. 그는 자신의 동물학 강의를 한 번 걸러 휴강하곤 했다. 그는 강의에 들어와서는, "오늘 날씨 참 좋군, 모두 밖에 나가서 즐겨."라고 말하곤 했다. 다른 교수들도 이 사실을 알았다. 하지만 그는 정년을 보장받았기에 그 누구도 아무런 조처를 할 수 없었다.

대단한 일도 아니다. 학계에 흔히 있는 일이며 그 외의 다른 정년보장 신분 남용도 허다하다. 어쨌거나 학계는 현실 세계와 동떨어져 있고 현실적인 문제에 직면해있는 과학계를 돕기엔 무리가 있다. 그곳은 평안한 상아탑 그 자체다. 그리 놀랄 일도 아니다. 나의 지난 20년간의 경험으로 비추어볼 때 할리우드는 이와 매우 다르다.

할리우드는 가차 없고 고약하며 악랄하고 무정한 곳이다. 코미디언 로드니 데인저필드Rodney Dangerfield와 함께 출연한 영화로 배우 생활을 시작한 내 연기 수업 친구의 얘기는 그야말로 걸작이다. 그녀는 20대 후반의 웃기고 귀

여운 배우로, 나는 그녀의 현장을 자주 방문하곤 했다. 로드니는 그녀와 급속도로 가까워졌다. 그는 촬영 중간 휴식시간에 목욕가운에 샌들 차림으로 그녀를 찾아오곤 했다. 촬영을 안 할 땐 항상 그런 복장이었다. 그는 시가를 물고 칵테일을 마시며, 그녀에게 "얘야, 얼른 여기서 나가. 여긴 정말 썩은 곳이야!"라는 얘기를 종종 했다. 농담이 아니었다. 그녀와 나는 'X 같은' 경험을 할 때마다 그 말을 인용하곤 했다.

할리우드 얘기를 더 자세히 해달라고? 내가 "스토리텔링의 힘은 구체화에 있다."라고 말하지 않았냐고? 좋아. 원한다면 해 드리죠. 얘기했던 여배우는 몇 년 후 미국의 케이블 텔레비전 채널 쇼타임Showtime 시리즈의 주인공으로 거론되었다. 그녀는 최종 오디션까지 참가했고, 거기 있던 모든 사람이 그녀의 연기를 칭찬했다. 느낌이 좋았다. 하지만 주인공 역은 레베카 게이하트Rebecca Gayheart에게 돌아갔다. 내 친구와 그녀의 매니저는 모두 놀랐다. 매니저가 프로듀서에게 그 결과에 대해 문의하자 레베카 게이하트가 더 인지도 있는 배우이기 때문에 그녀를 선택했다는 대답이 돌아왔다. 그 인지도는 어디서 왔을까? 레베카 게이하트는 오디션이 있던 해의 바로 지난해인 2001년에 건널목을 운전하다가 사고로 9살짜리 어린애를 치어 사망에 이르게 했다. 모든 언론이 그녀에 대한 뉴스로 떠들썩했다. 그녀의 인지도는 이 끔찍한 사건으로 인해 생긴 것인데 프로듀서들은 개의치 않았다. 그게 바로 쇼 비즈니스다.

할리우드에선 경쟁자의 실패가 아니라 죽음을 바란다는 얘기가 있다. 아무래도 사실인 것 같다. 언젠가 한 친구가 나를 어느 캐스팅디렉터의 장례식에 초대한 적이 있다. 친구는 그녀를 한 번 밖에 만난 적이 없다고 하면서 장례

식장은 인맥을 만들기 좋은 장소라고 덧붙였다. 할리우드는 냉혹한 곳이다.

내가 할리우드에서 목격한 죄악은 이루 말할 수가 없다. 시기와 질투, 그리고 탐욕과 욕망. 이에 관한 책이 셀 수도 없을 만큼 많이 돌아다닌다. 그중에 〈미지와의 조우Close Encounters of the Third Kind〉로 오스카 프로듀서상을 받은 줄리아 필립스Julia Philips의 《이 동네에서 다시는 점심을 먹지 않을 것이다You'll Never Eat Lunch in This Town Again》는 내가 가장 좋아하는 책으로, 강렬하고도 많은 생각을 하게 만든다.

당신도 할리우드가 얼마나 냉혹한 곳인지 이미 짐작하고 있을 것이다. 내가 아직 교수로 재직중이었을 때, 《크로니클 오브 하이어 에듀케이션Chronicle of Higher Education》은 해양생물에 관한 나의 단편영화에 대한 글을 실었다. 교수직을 떠날 때 난 글쓴이를 찾아갔다. 그녀는 "교수가 더욱 친절한 환경인 할리우드를 위해 학계를 떠난다."라며 비꼬는 듯한 글을 또 실었다. 할리우드가 얼마나 냉혹한 곳인 줄 알면서…….

어찌 됐건 결과적으로 할리우드는 학계와는 다르게 '격렬한 선택적 진화'를 할 수밖에 없는 곳이다. 매 주말 영화의 흥행성적이 공표된다. '데스 노트'와도 같은 것이다. 제작비가 큰 영화를 만들어 개봉했는데 손익분기점을 넘지 못하면 당신은 죽은 목숨이나 다름없다. 만일 찰스 다윈이 《할리우드 리포터Hollywood Reporter》를 읽었다면 매주 월요일마다 "적자생존!"을 외쳤을 것이다.

수년 동안 나는 영화학교 동기들이나 다른 영화인 친구들의 영화 흥행 실패로 겪는 고통이나 경력의 종말에 대한 불안감을 들으며 몇 시간이고 전화통화를 했다. 재앙의 중심에는 항상 빈약한 서사 역학이 존재했다. 그 선택에 대한 압박은 항상 가차 없었다. 흥행에 실패하면 '영화 감옥'에 들어가고 그곳에 들어간 이들에게는 한참 동안, 혹은 영원히 영화를 다시 만들 기회가 주어지지 않는다.

거기엔 어떤 보호망도 없으며, 경력은 의무일뿐 자산이 아닌 세계다. 마치 사자나 치타, 혹은 사냥총을 든 인간들에 둘러싸여 있는 소떼와도 같은 모습이다. 그래도 학계에서는 연륜이 권위와 존경의 상징이 될 수 있지만, 할리우드에서는 마치 군사집단에서 반이데올로기를 가진 사람처럼 어떻게든 숨겨야만 하는 요소가 된다. 마치 게슈타포가 돌아다니면서 나이를 검사하고 마흔이 넘은 사람들을 색출해 할리우드에서 쫓아내는 형국이다(나는 38세에 영화과를 다니기 시작했다). 페이스 리프팅, 모근 심기, 보톡스 주사 등이 할리우드에서 성행하는 이유다. 경력의 존폐가 달렸다면 당신도 당연히 그렇게 할 것이다.

그곳에 비교하면 학계는 천국이다. 시작이 좋고 그럭저럭 붙어있을 수 있으면 정년이 보장되고 당신은 평생 언터처블untouchable한 존재가 된다. 몹시 굶주리고 헐벗은 할리우드의 작가에게 정년보장의 의미를 설명해보시라. 그들은 아마 창과 화살을 가지고 당신에게 덤벼들 것이다.

이게 한 세기 동안 할리우드가 살아온 방식이며 많은 똑똑한 사람들이 그 시스템을 간파하고 연명해온 것이다. 그들은 안다. 살아남으려면 좋은 이야기를 만들어야 한다는 걸. 그리고 좋은 이야기를 만들려면 서사를 깊고도 직관적인 수위로 이해해야 하며, 그러려면 서사 역학을 과학처럼 공부하고 분석하고 정제해야 한다. 그들은 그렇게 했다.

조지 루커스George Lucas가 조지프 캠벨에게 〈스타워즈〉의 구성을 잡게 하고, 크리스토퍼 보글러Christopher Vogler가 《신화, 영웅 그리고 시나리오 쓰기Writer's Journey》를 통해 루커스의 작업을 서술하고, 블레이크 스나이더Blake Snyder가 그것을 《흥행하는 영화시나리오의 8가지 법칙Save the Cat》을 통해 집대성한 것처럼 그들은 이미 서사에 대해서라면 누구보다 더 실질적이고 현실적인 적용법을 가지고 있다.

결국 할리우드는 '돈'이라는 불멸의 선택적 요소를 가지고 있다는 얘기다. 만일 돈을 버는 서사의 역학을 만들어내지 못하면 당신은 죽는다. 그 무자비한 소용돌이 속에서는 그것이야말로 자연적인 선택이다.

그런 이유로 나는 지금 열변을 토하고 탄원하며 개종을 촉구하는 것이다. 과학 세계가 학문의 경계를 허물 시기가 왔기 때문이다. 그러니 제발 감았던 눈을 뜨고 코를 비틀든 무엇을 하든 이 할리우드 미치광이들이 제공할 수 있는 것을 얻어내 활용하기 바란다.

다시 얘기하지만 막대한 자본과 머리로 진실보다 우선시되는 대작을 만들어야 한다는 게 아니다. 그들처럼 옷을 입고 말을 하고 행동하라는 것도 아니다. 그것의 토대가 되는 서사에 대한 지식이 필요하다고 말하는 것이다. 그 지식은 대단하며, 과학은 그것을 필요로 한다. 다른 세계지만 과학도 할리우드만큼 서사가 배어있다는 걸 잊지 않기를 바란다.

III

문단 양식은 단기간에 이해하기엔 좀 복잡하고
완전히 습득하기까지는 오랜 시간이 소요된다. 하지만 문장 양식은
모든 게 적당하다. 어느 정도 빨리 배울 수도 있고,
즉각적인 효과도 기대할 수 있다.
궁극적인 목표는 서사적 직관을
기르는 데 있다.

반정립

6 방법: 서사 도구 WSP 모델

7 방법: 단어, 도브잔스키 양식

8 방법: 문장, ABT 양식

9 방법: 문단, 영웅의 여정

10 결과: 서사 스펙트럼

11 결과: 4개의 사례연구

서사 도구를 꺼내라

스카이프는 대단하다. 상대방이 마치 같은 방에 있는 것처럼 느끼게 해주니까. 심도 있는 대화를 가능하게 해주는 것이다. 메건에게 '우리가 우습게 보이나?' 과학자와 해수면 상승 팀에 합류할 의사를 밝히고 대화를 시작한 것도 스카이프를 통해서였다.

그분과 나는 10년 이상 알고 지낸 사이였기에 갈등이 있다는 건 우스운 얘기였다. 이메일 전쟁을 뒤로하고 내가 고안한 커넥션 스토리메이커 워크숍을 토대로 한 서사 도구로 일에 착수하기까지 채 일 분도 안 걸렸다.

나는 우선 그분에게 해수면 상승문제를 표현할 단어가 있냐고 물었다. 사안의 핵심을 찌르는 하나의 단어 말이다. 그분은 한참을 생각하더니 "그렇게 큰 사안을 어떻게 한 단어로 설명하겠나? 세 단어로 하면 안 되겠나?"라고 이야기했다.

나는 그렇게 해보라고 말씀드렸다. 그 단어들은 엄청났다! 우리는 그 단어들로 새로운 발표 제목을 만들었다. 원래 제목인 '해수면 상승에 대한 대응'을 '해수면 상승: 새롭고, 분명하고, 어디서나 일어나는'으로 바꿨다. 원래 제목보다 구체적이고 그래서 더 강력했다. 우리는 각각의 단어를 ABT에 맞추고 그 외에도 많은 작업을 했다. 4개월 후엔 크고 긴 박수갈채 속에서 발표를 마쳤다. 우리 발표는 메건이 얘기했던 대로 1,000명의 열정적인 청중들과 함께한 엄청난 대성공이었다(이것은 이 장의 후반부에 더 자세히 설명하기로 하자). 그리고 한 달 후 《사이언스》는 ABT가 어떤 작용을 했는지에 대한 나의 글을 실었다. 결국은 내 서사 도구들이 성공했다는 것이다.

그럼 이제부터 그 내용에 관해 설명해보도록 하겠다. 다시 말하지만, 이 도구들은 마법 총알이나 만병통치약이 아니라 그저 서사적 결핍 문제를 해결할 수 있을 뿐이니 부정주의자들은 흥분하지 마시기 바란다.

성공을 거두기 위해서는 이 도구들이 과학의 기초가 되어야 할 필요가 있다. 박사후과정생이나 대학원생, 또는 고학년 학부생들의 부록처럼 생각해서는 안 된다는 뜻이다. 서사는 학부의 과학교육 시작점부터 병행으로 교육되어야 한다.

이 부분은 우리 여정의 핵심부로, 바로 사건이 벌어지는 부분이다. 이야기의 전개 부분처럼 말이다. 아리스토텔레스의 관점으로 바라보면 이 부분은 세 개의 에피소드로 구성된다. 단어(Word), 문장(Sentence), 그리고 문단(Paragraph)으로 구성된 WSP 모델이다. 이 부분의 설명을 위해 나는 IMRAD의 M(방법)과 R(결과)을 사용할 것이다.

ABT를 활용하지 않는 점에 대해 의문을 가질 수도 있다. ABT는 다소 주관적이고 또한 논쟁의 선상에 있는 소개와 토론, 즉 정립과 반정립 부분엔 적용이 잘 된다. 하지만 중간 부분은 더 객관적이고 사실적이다. 내가 '정립' 부분에서 언급한 ABT에 대한 이해와 관심으로 이 부분의 설명에도 흥미를 느낄 수 있기를 기대한다. 4부 '종합'에서는 다시 ABT를 활용할 것이다.

6

방법: 서사 도구 WSP 모델

스타일의 시대엔 요점이 중요하다

《말문 트인 과학자》의 부제목은 '스타일의 시대엔 요점이 중요하다 Talking Substance in an Age of Style'이다. 이 책에서 나는 해법보다는 문제에 더 치중했다. 부제목이 '어떻게 요점을 말할 것인가?'가 아닌 걸 보면 그 사실을 간파할 수 있다. 내가 이 책을 쓴 이유는 스타일이 대두되는 시대에 요점을 말하는 방법을 전파하기 위해서였다. 그리고 당시에 나는 해법을 제시할 만큼 서사에 대해 구체적으로 알지 못했다.

이후 4년 동안 나는 친구인 도리 바톤, 브라이언 팔레르모와 커넥션 스토리메이커란 명칭의 워크숍을 창조했고 그 요점을 모아 《커넥션》이라는 저서를 출간했다. 워크숍은 서사의 효과에 집중했고 시간이 지나면서 몇 가지 서사적 도구들이 창조되었다. 돌이켜보면 요점전달의 해법을 갈구한 여정의 결정체인 것 같다.

이 책은 스타일에 관한 게 결코 아니다. 유머와 감동, 똑똑한 언어, 재치 있는 은유, 그리고 멋있는 대사 등은 효과적인 커뮤니케이션을 위해 필요한 요소다. 하지만 많은 청중을 동화시키고 길이 남을 인상을 주기 위한 수위로 올라가면 요점부터 시작해야 한다. 정보부터 정리하고 거기에 스타일을 추가해서 말이다. 서사는 당신이 하고자 하는 말의 요점이다.

이제
이룩할 시기다

메다워가 언급했던 '관찰하고, 수정하고, 전달하라'로 돌아가 보자. 이제 수정에 관해 얘기할 시점인데, 여기가 바로 서사가 요구되는 지점이다. 얘기했던 것처럼 과학자들은 수정을 혐오한다. 하지만 나는 IMRAD를 무기로 그들과 영원히 대적할 것이다. IMRAD는 그것을 활용하는 과학자들이 수정의 단계를 거치도록 만들기 때문이다. 서사의 활용이 100년 전 과학자에게 효과적이었다면 동시대의 과학자에게도 당연히 효과적일 것이다.

나는 WSP 모델로 서사에 접근한다. 나는 그것을 커넥션 워크숍에서 처음 소개했고 이제 과학자들에게 특화된 형태로 설명하고자 한다. 이것은 당신이 하고자 하는 이야기를 한 단어, 한 문장, 그리고 한 문단으로 집약하는 방법이다.

각각의 과정마다 사용하는 도구가 따로 있다. 빈칸이 있는 문장 양식으로, 이것은 당신이 친구와 대화할 때도 사용할 수 있다. 이봐, ________. 너에게 ________에 대해 얘기할 게 있어. 빈칸을 채워보기 바란다. 스토리텔링의 열쇠는 하고자 하는 얘기의 핵심을 파악하는 데 있다. 그 핵심을 파악하고 나면 당신은 그것을 다시 확장할 수 있다.

여러분 모두 긴 얘기와 짧은 얘기에 관련한 일화를 알고 있을 것이다. 편지로 예를 들어 볼 경우, "내가 시간이 없어 짧은 편지를 쓰지 못했네."라고 말하는 상황이 있을 수 있다. 대화의 경우, "한 시간을 얘기하자고 하면 당장에도 가능하지만 10분만 얘기하자고 하면 일주일은 준비해야 합니다."와 같은 상황이다. 간결함과 위트를 만들어내는 건 많은 시간과 노력이 소요되는 일이다. 하지만 WSP 모델이 큰 도움이 될 수 있다. 이 모델의 각 부분은 즉각적(근사)이거나 장기적(궁극)인 효과의 차이가 있다. 우선 이 역학을 살펴보도록 하자.

근사 vs 궁극

WSP 모델의 세 가지 도구는 그림 11에서 보는 것처럼 각각 다른 근사적, 궁극적 가치가 있다. 단어 양식과 문장 양식은 근사적 강점이 크다. 적용하면 하고자 하는 얘기에 명확하고도 즉각적인 효과를 볼 수 있다. 이 도구는 비교적 쉽게 터득할 수 있다.

문단 양식은 좀 다르다. 고학년 도구이며 긴 호흡을 위한 것이다. 대부분의 할리우드 사람들은 그것을 터득했다고 믿고 있지만, 턱도 없는 소리다. 그들은 문단 양식의 기초도 모른다. 문단 양식의 습득률 곡선은 다른 양식들에 비해 길다. 빈칸을 채우고 나면 마치 모든 걸 알게 된 것 같은 착각이 들지만, 의미 있는 결과를 도출해내기 위해서는 꽤 긴 시간이 소요된다. 하지만 문단 양식을 터득하게 되면 다른 두 양식보다는 훨씬 더 깊은 서사적 역량을 갖출

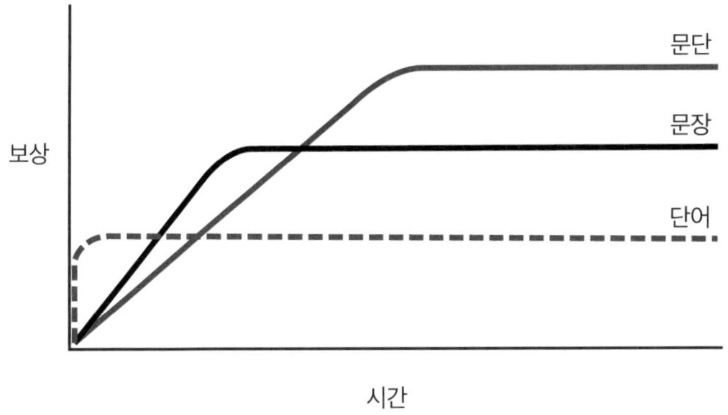

그림 11 WSP의 세 가지 요소에 대한 시간 대비 보상요소. 문단 양식은 처음엔 미약하지만, 시간이 지나면서 당신을 조지프 캠벨이 좋아할 만한 이야기꾼으로 만들 수 있는 파급력이 있다.

수 있게 된다.

특히나 문장 양식은 수혜적인 면에서 큰 차이를 보인다. 근사적으로 ABT는 '잡화 더미의 효과(곧 자세히 설명할 것이다)' 안에서 즉각적인 서사 구조를 잡는 데 유용하다. 시간이 지나고 나서 그것은 당신에게 서사적 직관을 선사한다. 익숙해지면 당신은 잘못된 구성을 감지하고 그것을 바로잡을 수 있는 직관을 기를 수 있게 된다. 그것이 바로 과학자가 필요한 직관인 것이다.

나는 최근 워크숍에서는 주로 ABT 양식에 초점을 맞춘다. 그것은 최상의 요소다. 단어 양식은 짧을 뿐더러 제한적이다. 문단 양식은 단기간에 이해하기엔 좀 복잡하고 완전히 습득하기까지는 오랜 시간이 소요된다. 하지만 문장 양식은 모든 게 적당하다. 어느 정도 빨리 배울 수도 있고 즉각적인 효과도 기대할 수 있다. 내가 문장 양식에 많은 시간을 할애하는 이유다.

그러니까 궁극적인 목표는 서사적 직관을 기르는 데 있다. 요즘은 그 직관의 영향력과 관련된 많은 책이 존재한다. 그중에서 내가 제일 좋아하는 것은 말콤 글래드웰Malcolm Gladwell이 집필한 《블링크: 첫 2초의 힘Blink: The Power of Thinking without Thinking》이다. 그는 책 서두에서 역량 있는 사람은 엉터리를 바로 색출해낼 수 있다고 말한다. 하지만 왜 그런 결론을 내렸는지를 설명하기 위해선 긴 시간이 필요할 것이라고 얘기한다.

적어도 한 개 이상의 사전에서 직관을 '이유가 명확하진 않아도 누군가에게 특정 행동을 취하도록 만드는 느낌'이라고 정의하고 있다. 즉 직관은 예술적 관점이 짙은 것이다. 대부분 사람은 그런 직관을 가지고 태어나는 게 아니라 경험을 통해 습득한다. 다른 저서 《아웃라이어Outliers: The Story of Success》를 통해 그는 특정 경험이 대뇌(기억)에서 복부(직관)로 이동하는데 필요한 시간을 임의의 숫자인 1만 시간으로 정의했다.

그것은 2013년도에 글래드웰이 '복잡성과 1만 시간의 법칙Complexity and the Ten Thousand Hour Rule'이란 제목으로 《뉴요커》에 기고한 글에서 요점정리가 되었다. 그는 "천재들의 경력을 조사했을 때 타고난 재능의 활용도가 낮을수록 더 큰 노력이 투입되었다는 심리학자들의 연구결과가 1만 시간의 법칙을 입증한다."고 말했다.

나도 그 말에 동의한다. 만일 당신이 서사 구조에 대한 타고난 감각이 없다고 생각한다면 이 점을 가슴 깊이 새겨야 할 것이다. 그럼 바로 착수해보자. 1만 시간을 확보할 순 없을지언정 이 책의 마지막 장에서 이야기 서클의 개념을 이야기하며 제시한 10시간은 가능할 것이다.

과학계의 서사적 결핍에 대한 해법은 간단하다. 글래드웰이 언급한 '준비', 즉 반복훈련이다. 지름길은 없다. 마치 운동선수처럼 꾸준한 훈련이 답이다.

직관은 시간과 경험이 필요하기에 속성으로 알려줄 수도 없다. 코미디배우였다가 과학자의 커뮤니케이션 능력개발에 선구자적 역할을 한 앨런 알다Alan Alda는 그의 저서, 《혼잣말하다가 듣게 된 것들Things I Overheard While Talking to Myself》에서 "커뮤니케이션 능력은 배울 수 있다. 하지만 인상적 효과를 보고 누군가의 뇌리에 박히게 하려면 시간을 두고 체계적인 교육을 받아야 한다."라고 언급했다. 모든 과학자는 서사에 대한 느낌은 있지만, 그보다 훨씬 더 깊은 직관이 필요하다.

대중을 대비한 도구

"모두 같은 이야기다."라는 말로 돌아가 보자. 나는 나의 첫사랑인 과학계를 돕기 위해 이 책을 쓴다. 하지만 내가 여기 제시하는 도구들은 모두를 위한 것이라는 사실을 잊지 마시기 바란다.

4,000년의 인류문화는 어쩌면 아무것도 아니다. 조지프 캠벨이 세상은 어디서나 기본적으로 똑같은 원형신화를 말하고 있다는 사실을 발견한 게 70년밖에 안 됐다. 결국 4,000년 동안 변한 게 별로 없는 것이다. 스토리텔링에 있어 지난 70년 동안에도 크게 바뀐 게 없다(책 후반부에 나오지만, 성공적인 슈퍼볼 광고에 뭐가 여전히 유효한지는 나의 의견을 뒷받침해줄 요점이다).

나는 각양각색의 사람들과 스토리텔링 워크숍을 진행한다. 지난 수년 동안 나는 딜로이트Deloitte사의 회계사들과, 미국 국립안전위원회National Safety Council의 안전요원들, 마케팅전문 서비스협회Society of Marketing Professionals의 경영전문가들, 그리고 미국 국립보건원, 미국 질병통제예방센터CDC, Centers for Disease Control and Prevention, 미국 지구물리학회American Geophysical Union, 미국 과학진흥회AAAS, 병원의학협회Society of Hospital Medicine, 과학이나 생물의학 단체 사람들과 워크숍을 진행했다. 초창기에는 이런 신세계의 사람들을 대하기 어려웠다. 나는 회계나 경영, 법 분야에 완전 문외한이기 때문이다. 그런데 내가 어떻게 그 분야의 사람들에게 유용한 정보를 제공할 수 있을까?

그런데 이런 다양한 사람들을 경험하면서 결국은 조지프 캠벨의 논리에 도달하게 되었다. 결국은 모두 같은 이야기라는 진리에 다다르게 된 것이다. 각각 단체의 내용은 다르지만 나는 스토리텔링의 구조를 제공하는 것뿐이고 그것은 어느 분야나 유사하다. 어쩌면 나는 건설업자와도 같다. 은행을 짓든 병원이나 법원을 짓든 상관이 없다. 그저 구조에만 관여하면 되는 것이다.

어른들에게는 양식이 필요 없는가?

커뮤니케이션에 임하는 데 있어 '초 간략'이 가능할까? 물론이다. 하지만 일반 대중에겐 너무 복잡하기만 한 과학계가 정보전달은 명확하면서도 형태는 간략하게 변모할 수가 있을까?

내가 사용하는 양식들은 아주 기초적이어서 처음 소개하면 사람들은 줄곧 "이건 애들을 위한 거 아니야?"라는 반응을 보인다. 한 총회의 개회사를 한 적이 있는데, 끝나고 이어진 리셉션에서 친구 한 명이 나를 잡아끌고는 얘기해 주기도 했다. "네 ABT 양식은 깔끔하고 좋은데……. 사람들이 너무 간략한 거 아니냐고 수군거리던데?" 그런 얘기에는 어떻게 반응해야 할지 모르겠다. 간략함이야말로 커뮤니케이션의 핵심이고, 핵심을 파악하지 못하면 효과적인 커뮤니케이션이 불가능한데 말이다.

불행하게도 과학계의 관례상, 발표 내용이 지극히 복잡하고 혼란스러워도 아무도 이에 대해서 불평하지 않는다. 이는 잘못된 관례이며 굳이 그렇게 할 필요도 없다.

이 지점에서 내가 제공하는 양식들이 필요하다. 그것들은 초등학교 시절에 했던 빈칸 채우기 같은 게임을 상기시킬 것이다. 어린이들이나 사용하는 양식이니까 과연 어른들에겐 필요가 없을까?

이 질문은 제럴드 그라프와 캐시 버켄스타인이 《그들이 말한다, 내가 말한다》의 '알겠어, 그런데 양식은?'이란 제목의 장에서 던진 질문과 똑같다. 그들의 책은 논증을 다루고 있으며 자신들이 제공하는 양식이 논증을 진행하게 만드는 열쇠임을 주장한다. 그들은 책 서두에 "노련한 작가들은 글의 핵심을 무의식중에 알아채지만 많은 학생들이 그런 역량을 가지고 있지 않다."고 못박으며 양식이 필요한 이유를 주장한다. 그들의 지적 속에 바로 내가 주장하는 내용이 들어있다. 노련한 베테랑들은 ABT가 하찮고 어린이들에게나 필요한 것이라며 무시하기 일쑤다. 그들에겐 그럴지도 모른다. 하지만 대부분의 사람은 그들처럼 서사에 익숙하지 못하며, 심지어 이 양식들은 베테랑들에게도 아주 효과적일 수 있다.

카트만 교수

그렇다면 서사 구조 양식의 대가는 누굴까? 바로 〈사우스 파크〉의 공동창작자인 트레이 파커다. 그는 나의 ABT 양식에 영감을 준 인물이기도 하다. 내가 가장 좋아하는 〈사우스 파크〉의 에피소드는 몇몇 독일인들이 양식개발 농담으로 코미디를 수학적으로 풀어가는 '퍼니봇Funnybot'이다. 그중에서 로봇이 아이들에게 반복적으로 "'학교 활동'이 지겹지 않아? 나도 그래. '학교 활동'은 정말 싫어. 솔직히 말하면 '학교 활동'이 '누군가의 이름'의 '몸의 구멍'에서 일어나는 일보다 더 싫어. 거북해!"라고 말하는 대목이다. 에피소드에서 '학교 활동'은 '숙제'로, '누군가의 이름'은 브라이언트 검벨Bryant Gumbel로 채워졌으며 '몸의 구멍'은…… 무엇이었을지 여러분의 상상에 맡기겠다.

퍼니봇의 말은 그야말로 거북하다. 하지만 효과는 충분하다. 그럴 수밖에. 농담도 스토리텔링과 똑같기 때문이다. 농담의 공식인 설정·비끔·펀치라인은 정립·반정립·종합과 같다. 모두 같은 이야기다.

그러니까 내가 제공하는 양식들이 너무 '간략'하다는 생각이 든다면, 어쩌면 당신도 문제의 일부일 수 있다. 만일 텔레비전 시트콤이 너무 '공식화'되어 있다고 느낀다면 당신은 커뮤니케이션의 문제를 명확히 인지하지 못하는 것일 수도 있다. 내가 얘기하는 요지는 바로 이것이다.

공식이 아닌 양식

내용이 과도하게 공식화되는 것은 내용 자체가 흥미롭지 않아서일 수 있다. 예를 들어 시트콤에 등장하는 캐릭터가 흥미롭게 구축되지 않으면 깊이도 없고 매력도 없는 인물로 전락한다. 전 남자친구가 등장해서 돈을 빌려달라고 하는 장면이 등장한다면 유사한 장면이 있는 〈모던 패밀리Modern Family〉나 〈딕 밴 다이크의 친구들Friends to Dick Van Dyke〉이 떠오를 것이다. 하지만 모든 설정과 캐릭터들이 흥미롭게 구축되면 당신은 이야기에 몰입하게 되고 유사 장면이 있는 작품들이 떠오르지 않는다.

크리스토퍼 보글러의 유명저서, 《신화, 영웅 그리고 시나리오 쓰기》에 보면 공식과 양식의 차이점에 대해 언급한 부분을 발견할 수 있다. 이 저서는 1998년에 발간된 초판 이후로 벌써 세 번째 개정증보판이 나왔다. 그런데도 이 저서는 할리우드가 '공식화된 쓰레기'를 만들어내서 세상을 엉망으로 만든다고 생각하는 사람들의 공격대상이 된다. 보글러는 책 서두에 그런 질타에 대한 자신의 견해를 밝힌다.

> 나는 먼저 《신화, 영웅 그리고 시나리오 쓰기》가 공식화되어있고 케케묵은 답습이라는 예술가와 평단의 의심에 반론을 제기하고 싶다. 일부 전문작가들은 창작과정을 분석하는 자체를 거부해서 학생들에게 모든 선생과 책들을 거부하고 무조건 쓰라는 지시를 한다. 또 일부 예술가들은 체계적 접근법을 인정하지 않아서 모든 원리나 이상, 사고, 논리, 패턴, 디자인을 거부한다. 그들은 예술 행위는 전적으로 직관이며, 교육으로 이뤄질 수 있는 게 아니므로 공식화되어서는 안 된다고 생각한다. 그들의 생각이 틀린 건 아니다. 예술가의 중심에는 모든 규정이 의도적으로 무시되고 오로지 마음과 영혼의 직관적 선택만이 작용하는 신성한 장소가 있다. 하지만 그것 또한 원리가 될 수 있다. 원리나 논리를 거부하는 사람들은 오히려 공식과 패턴, 논리, 그리고 관습을 완전히 배제하기가 힘들어진다. 양식을 완전히 거부해야 한다는 원리를 고수

하는 예술가들은 스스로가 양식에 의존하고 있다는 사실을 시인하는 셈이다.

그래도 과학적 커뮤니케이션이 너무 공식화 되고 있다는 우려가 되는지? IMRAD 양식 자체가 공식화 된 것인데 왜 아무도 이에 대한 불평이 없는 것일까? 과학 커뮤니케이션에 팽배하는 구성의 부재와 과도한 복잡성을 바로잡기 위해서는 양식의 대홍수가 요구된다. 보글러, 그라프, 버켄스타인 같은 사람들도 이에 대한 걱정이 없는데 내가 무슨 이유로 그것을 걱정하겠나? 그리고 과학 커뮤니케이션에 '너무 유사한' 것이 문제시되려면 아직도 멀었다. 내가 ABT 양식을 이용해서 요점을 정리하는 것을 보면 이 말이 무슨 의미인지 이해할 것이다. 현재까지는 과도한 획일성이 문제가 된 적은 없었다.

이제 첫 번째 양식에 관해 얘기해보자.

7

방법:
단어,
도브잔스키 양식

첫 번째 양식은 단어 양식으로, 내용의 주제를 파악하는 데 사용된다. 이것은 모든 내용을 한 단어나 어구로 요약하는 것보다 더 깊은 의미가 있다. 길고 어려운 고민을 통해 내용의 핵심을 표현할 수 있는 하나의 단어를 잡아내기 위한 것이다. 내가 제시하는 단어 양식은 자신이 서사에 능통하다는 사실을 알고 있었는지 의심되는 테오도시우스 도브잔스키Theodosius Dobzhansky의 유명한 말을 인용한 것이기 때문에 나는 이 양식을 '도브잔스키 양식'이라고 명명했다.

도브잔스키는 역사상 가장 중요한 유전학자 중 한 명이다. 러시아 태생인 그는 1920년대에 미국으로 이민했다. 그가 1937년에 집필한 저서, 《유전과 종의 기원Genetics and the Origin of Species》은 자연도태적인 유전을 주장하는 신다윈주의의 핵심적 내용이다. 하지만 그는 단순한 연구자 이상이었다.

그는 집단유전자의 리더들을 제자로 길러냈다. 그중 리처드 르원틴Richard Lewontin은 내가 하버드에 재학하던 시절에 가장 저명한 진화론자 중 한 명이었으며 스티븐 제이 굴드와 오랜 동료로서 함께 유전자 결정론에 도전하던 인물이었다. 미국 국립과학훈장을 수여한 프란시스코 아얄라Francisco Ayala도 그의 제자였다. 도브잔스키의 제자들은 아직도 많이 남아있다. 나는 그중 한 사람인 와이엇 앤더슨Wyatt Anderson과 대화한 적이 있다. 그는 도브잔스키가 1962년 록펠러대학교에 부임할 때의 첫 제자로, 도브잔스키는 그와 함께 수년간 미 서부를 다니면서 그들의 연구 주제였던 과일파리를 채집했다. 와이엇은 "그분은 대단한 카리스마가 있었고 사고가 깊으며 생물학적 철학에 관심이 많았다."고 도브잔스키를 회상하며 "굉장히 따뜻한 분이었다. 음악과 예술을 사랑하고 기가 막히게 말을 잘 타곤 했다."라고 덧붙였다.

나는 도브잔스키가 인간에 대한 깊은 성찰을 하였을 것으로 추정하기에 그에 대한 세세한 것을 듣고 싶었다. 그의 간략하고도 복잡한 명언이 나를 매혹시켰던 것 같다. 그 명언은 1964년 《아메리칸 주올로지스트American Zoologist》지에 처음 실렸고, 내가 학생일 때 많은 생물학과 진화론 교재에 실렸다. 그는 이렇게 말했다.

진화론을 제외하면 생물학의 어떤 것도 설명할 수 없다.

언뜻 보면 지독히 간략하다. 진화론의 중요성을 관찰한 발언처럼 들린다. 하지만 그 안엔 서사와 그 효과에 대한 이해의 통로로 작용하는 훨씬 더 중요한 역학이 내재되어 있다. 그의 말이 일반인은 잘 모를 세분된 과학 분야가 아니라 생물학에서 가장 위대하고 중요한 진화론에서 나왔다는 게 신기하면서도 어울린다는 생각이 든다. 실제 지구상에서 생명의 불씨가 당겨진 순간부터 진화는 존재했다.

도브잔스키는 진화론 자체가 '생명의 이야기'라고 말하고 있다. 그리고 그 이야기는 변화(또는 여정)에 관한 것이다. 진화는 변화의 패턴을 생성하는 메커니즘이다. 즉 생명의 서사다. 지구상에서 각양각색의 생명체를 접할 수 있지만, 그것을 이해하려면 진화라는 변화의 서사를 알아야 한다.

여기서 주목해야 할 점은 나의 예전 진화생물학 전공 동료 중 한 명이 지적한 것이다(과학자들은 역시 비판적이다……). 내 친구는 도브잔스키의 말이 옳다고 생각하지 않는다. 그는 생물학에는 진화론을 전혀 몰라도 이해할 수 있는 것들이 너무나도 많다고 생각한다. 예를 들면 온종일 유전자 구조를 연구하는 분자생물학자들은 진화론에 다소 문외한이어도 하등의 지장이 없다. 그러니까 내 친구는 도브잔스키의 말 중 '어떤 것도'라는 단어에 반감이 있는 것이다.

친구의 말이 틀리지는 않다. 어느 정도는 말이다. 사실 제자의 입을 통해서는 '인간 도브잔스키'밖에 가늠하지 못한다. 인간은 이야기를 부풀리는 본능이 있다. 만일 도브잔스키가 "생물학에는 진화론을 벗어나서는 설명 안 되는 것들이 있다."라고 얘기했다면 '어떤 것도'라는 극단적인 단어를 사용했을 때보다 효과가 적었을 것이다. 인간들이 그렇듯, 그 역시 100% 맞지는 않을지라도 이야기를 부풀리고 싶었을 것이다. 그래도 큰 문제는 없을 거라고 판단했을 것이다.

그는 강렬하고도 간략한 단어를 원했을 것이다. '어떤 것도'라는 단어는 '아닌 것들이 있다'보다는 훨씬 더 강력하고 간략하다. 할리우드 영화인들이 대사를 "문제가 생겼어, 휴스턴."으로 바꾼 것과 흡사한 경우다.

내가 판단할 때 도브잔스키는 '서사'를 찾기 위해 큰 그림을 보았다. 주변의 웅성거림에 연연하기보다는 전체적인 주요패턴을 보기 위해 뒤로 물러선 것이다.

도브잔스키 양식:
서사 찾기

도브잔스키의 말에서 따온 간단한 문장이 그 주제를 막론하고 '서사 찾기'를 위한 우선적 도구로 활용된다. 도브잔스키는 자신의 말이 서사 도구가 될 것이라고는 생각조차 하지 않았을 것이다. 그 양식의 형태는 다음과 같다.

__________을 제외하면 __________의 어떤 것도 설명할 수 없다.

다른 주제를 대입해서 이 양식이 제대로 작동하는지 시험해 보도록 하자. 나는 한 지질학자에게 이 양식을 제시해봤다. 그는 '판 구조론'으로 문장을 완성했다. 그의 생각은 다음과 같았다. 지진과 화산분출, 섭입subduction• 지역—심지어는 산꼭대기에서 조개화석이 발견되기도 한다—등은 판 구조론 없이는 설명되지 않는다. 즉 "판 구조론을 제외하면 지질학의 어떤 것도 설명할 수 없다." 이것이 바로 지질학의 서사다.

이것은 서사의 정의와도 같다. 공통점이 없어 보이는 여러 가지 정보들을 통합하는 것 말이다. 판 구조론에 대한 지식을 가졌더니 갑자기 지진과 화산분출, 그리고 산꼭대기에 있는 조개화석까지 모두 이해가 되는 것이다.

또 다른 예를 들어보자. 내 친구 하나는 어릴 때부터 관절통과 두통 그리고 장 문제를 달고 살았다. 의사는 친구의 증상을 이해하지 못했고 각각의 증상에 대한 처방을 내릴 뿐 한 번도 통합된 진단을 내린 적이 없었다. 친구는 33세가 되어서야 드디어 엘러스-단로스 증후군이라는 유전병 진단을 받았다. 잘못된 유전자 몇 개가 콜라겐 생성을 저하시키고 이로 인해 관절부위 근육들이 약해지면서 여러 가지 증상이 나타났던 것이었다. 그는 도브잔스키 양식을 바로 채워 넣을 수 있었다. "유전병을 제외하면 내 삶의 어떤 것도 설명할 수 없다."

영국의 조지 3세가 바로 그런 경우다. 그는 여러 가지 병을 앓았고 결국 광기의 정점을 찍었다. 역사학자들은 조지 3세가 포르피린증이란 혈액병이 있었다고 추측한다. 〈조지 왕의 광기The Madness of King George〉라는 영화 제목처럼 포르피린증은 그의 삶을 망가뜨린 핵심인 셈이다. 그의 삶은 이 병을 제

• 섭입 지구의 표층을 이루는 판이 서로 충돌하여 하나의 암석권 판이 다른 판 밑으로 내려가는 과정을 말한다.

외하고는 설명할 수 없는 것이다.

이제 이 양식을 당신의 삶이나 연구, 혹은 망쳐버린 테니스시합 등에 대입해보시기 바란다. (예: 내 발목을 삐끗한 얘기 없이는 그 테니스시합의 어떤 것도 설명할 수 없다.) 모든 걸 포함하고 설명할 수 있는 한 가지 요소는 무엇인가? 바로 서사다.

혁신이라는 키워드를 제외하고는 애플 컴퓨터의 어떤 것도 설명할 수 없다. 애플 사의 서사 아닌가? 서사 정도가 아니라 그들의 '브랜드' 그 자체다.

환경변호사 친구 하나가 기후변화에 대한 안건을 들고 나를 찾아왔다. 손실을 제외하면 캘리포니아의 기후변화에 대한 어떤 것도 설명할 수 없다. 그녀는 도브잔스키 양식을 통해서 그녀가 캘리포니아의 기후변화에 대해서 행했던 모든 연설의 핵심요소인 '손실'을 자각하게 되었다. 그녀의 연설은 주로 기후변화로 인한 가뭄이나 자연발화 화재를 주제로 하는데 그 모든 것을 통합하는 단어는 바로 손실이었다. 캘리포니아가 기후변화로 인해 잃었고 또 앞으로도 계속 잃게 될 것들 말이다.

제대로 활용하면 이 양식이 얼마나 유용한 것인지 알 수 있을 것이다. 내 친구는 이제 모든 연설에서 이 핵심단어를 사용한다. "제 이야기의 핵심은 바로 손실입니다. 기후변화로 인해 우리가 앞으로 잃게 될 모든 것들 말입니다."

이제 이 양식을 영화에 적용해보자. 어느 정도의 깊이와 복잡함이 있고 많은 관객이 관람했다면 이 양식을 채우는 것엔 아무런 문제가 없을 것이다. 내가 좋아하는 영화 중 최우수 작품상을 포함해 오스카상을 네 개나 받은 〈보통 사람들Ordinary People〉을 예로 들어보자. 이 훌륭한 영화는 양식 적용이 바로 가능하다. "아들의 죽음을 제외하면 그들 가족사의 어떤 것도 설명할 수 없다.” 이해가 가는가? 아들의 죽음을 감당하는 데에 실패해서 끊임없이 벌어지는 문제, 이 가족의 모든 문제를 설명하는 한 가지 요소 말이다.

반면 깊이가 없는 졸작들은 전체를 통합하는 요소가 없다. 관객이 극장을 나가면서, “도대체 무슨 얘기야?”같은 반응을 보인다는 것은 결국 도브잔스키 양식을 적용할 수 없다는 뜻과 같다.

이 양식의 빈칸을 채울 수 있다면(그게 항상 가능하다는 전제는 아니다) 당신은 순식간에 능력자가 되는 것이다. 그것은 당신의 ‘메시지’가 되고 사람들이 당신의 메시지에 동화되는 효과를 불러올 것이다.

이것은 많은 배우들의 시나리오를 분석하는 요령이 되기도 한다. 한 장면을 읽은 뒤 그 장면의 핵심이 뭔지 자문하는 것이다. 신뢰, 사랑, 사기, 배신, 충성, 혹은 인내인지 말이다.

내가 연출했던 영화 〈바보들의 향연〉을 홍보하는 동안 나는 이 접근방식을 접하게 되었다. 미국 공영 라디오의 〈국민의 소리 Talk of the Nation〉라는 방송에서 영화에 대한 밋밋하고 어리바리한 인터뷰를 하고 난 다음에 나는 아주 노련한 영화마케팅 팀장, 제프 도우드 Jeff Dowd와 대화를 했다. 제프는 영화 〈위대한 레보스키 The Big Lebowski〉의 실제 인물이다. 그는 2004년 대선 캠프에서 존 케리 John Kerry 후보의 캠페인을 담당했던 경험이 있다.

그는 나에게 간단한 실험문제를 내줬다. “당신 영화를 설명할 수 있는 하나의 핵심단어는 무엇입니까?” 나는 이 문제에 ‘진화론’이라고 대답했다. 그러자 그는 그게 아니라고 말했다. 내가 다시 ‘창조론’이라고 답하자 이 대답 역시 아니라고 말했다. 나는 다시 ‘논란’이라고 답했는데 그는 그것도 아니라며 문제 내기를 포기하겠다고 말했다. 내가 막막한 표정을 짓고 있자 그가 말했다.

"진실이잖아요! 당신 영화의 핵심은 진실을 찾는 여정이며 누가 진실에 관한 주권을 행사하는지와 우리가 어떻게 해야 진실이 승리할 수 있는지에 관한 거잖아요!" 그가 옳았다. 내가 얘기한 답들은 비교적 깊이가 얕고 파급력이 없었다. 하지만 '진실'은 인간적인 양상이 짙고 그만큼 강력한 효과가 있었다. 그것이야말로 내 영화의 서사였던 것이다.

그리고 그가 덧붙였다. "이제 당신의 서사를 알았으니 그것을 당신의 메시지를 전달하는 데 활용하면 되겠네요." 인터뷰할 때 말할 거리가 떨어지면 나의 상황을 상기하면서 "이 영화의 핵심에는 진실이 있습니다. 그 진실을 누가 조정하며 진실을 밝히려면 우리가 어떻게 해야 하는지를……."이라고 말해 보기 바란다. 정말로 효과가 있다. 이후로 나는 인터뷰할 때 버벅거리거나 의미를 파악할 수 없는 말을 하지 않았다. 나의 메시지는 분명했다. 이것이 바로 '메시지에 집중하라'는 말의 의미다. 서사를 알면 얼마든지 가능한 일이다. 하지만 거기에 덧붙여야 할 것들이 있다.

주요점:
도브잔스키 양식의 또 다른 요소

이제 도브잔스키의 기본 양식에서 한 걸음 더 들어가 봐야 한다. 거기엔 도브잔스키가 얘기한 것 이외에 또 다른 요소들이 있다. 1973년에 도브잔스키는 자기 생각을 두 부분으로 나눴다. 처음 부분은 아래와 같다.

진화론의 시각에서 볼 때 생물학은 아마 지적으로 가장 만족도가 높고 고무적인 과학 분야다.

그리고 그는 거기에 아래와 같은 말을 덧붙였다.

하지만 진화론이 빠지면 생물학은 그저 잡다한 요소가 된다. 어떤 요소는 흥미롭고 궁금증을 유발하지만, 의미 있는 큰 그림을 만들어내지는 못한다.

바로 여기 커뮤니케이션의 열쇠가 숨겨져 있다. 도브잔스키의 글이 의미하는 게 과연 무엇인지 세세히 살펴보기로 하자. 첫 번째 부분에서는 진화론을 생물학의 서사라고 이야기하고 있고, 두 번째 부분에서는 그 서사가 없으면 어떤 일이 일어나는지에 대해 설명하고 있다.

도브잔스키가 진화론, 즉 서사가 빠지면 아무것도 없다고 얘기하지는 않았다는 점에 유념하기 바란다. 진화론을 빼도 생물학엔 그가 잡다한 요소라고 표현한 여러 가지 요소들이 있다. 그 요소 중에는 '흥미롭고 궁금증을 유발'하는 것들도 있다. 문제는 서사가 없으면 '의미 있는 큰 그림'을 그려내지 못하는 것이다.

이것은 서사 역학이 짧게 집약된 것이다. 두 번째 부분은 방송에서 접할 수 있는 주요 과학 프로그램의 문제를 상기시킨다. 그 프로그램들 대부분은 방대한 정보를 담고 있으며 흥미롭고 궁금증을 유발한다는 점에는 의심의 여지가 없다. 하지만 궁극적으로는 서사가 없기 때문에 큰 의미를 만들어내지는 못한다. 규모가 크고 굉장히 흥미로운 과학 프로그램도 깊이 있는 서사가 부족한 경우가 많다.

바로 이런 것이 과학자들이 연구발표를 할 때 발목을 잡는 요소가 된다. 그들은 상당히 흥미롭고 궁금증을 유발하는 정보를 제공하지만, 그것은 결국 잡다한 정보 보따리일 뿐이다. 정보들이 '서사를 진전시키는' 큰 그림에 녹아들어 있지 않으면 발표는 결국 실패하는 것이다.

정보가 부족한 1970년대까지는 그래도 괜찮았다. 나도 70년대에 대학생이었다. 정보가 많다고 불평하는 사람은 아무도 없었다. 당시 대학은 정보가 부족한 사막에서 지식의 오아시스 역할을 했고 정보라는 보물을 찾는 횃불이었다. 그러나 80년대에 접어들면서 상황이 바뀌기 시작했다.

지금은 정보가 범람하는 시대다. 대부분 사람은 무언가를 가르쳐주면 마음 한구석에서 '내가 이걸 왜 알아야 하지?'라는 생각을 한다. 도브잔스키 양식은 그 질문에 대한 답을 찾는 데 도움을 준다. 이런 식으로…….

"이제부터 진화의 논리에 관해서 설명할 것이고 당신은 그것을 알아야만 한다. 생물학을 제외하면 진화론의 어떤 것도 설명할 수 없다."

"이제부터 그 질병에 관해서 설명할 것이다. 왜냐하면, 그 질병 얘기 없이는 생명의 어떤 것도 설명할 수 없기 때문이다."

이것이야말로 강력한 커뮤니케이션으로 가는 통로다. 서사를 찾으면 다른 모든 것의 열쇠를 얻은 것이나 다름없다.

서사의 주제

문학이나 창작의 관점에서는 이것을 흔히 '주제'라고 한다. 내가 터클의《선한 전쟁》에서 강조했던 부분이 생각나는가? 2차 세계대전을 겪은 대부분의 사람이 그 시기가 인생에서 가장 의미 있는 시간이라고 생각한다는 것 말이다. 도브잔스키 양식을 이용해 그 사람들을 대변한다면 다음과 같을 것이다. "2차 세계대전에서 경험한 것을 제외하고 그들의 삶을 설명할 수는 없을 것이다." 그들 삶의 주제가 된 것이다.

작문을 가르치는 선생님들은 의미 있는 글은 주제가 명확하다고 말할 것이다. 그들은 매번 "네가 하고자 하는 얘기가 뭐니?"라는 질문을 할 것이다. 나 역시도 워크숍 참가자들에게 같은 질문을 한다. 그들이 하고자 하는 얘기를 요약해서 읽고 나면 내가 제일 먼저 하는 질문이 바로 그거다. 나는 "당신이 하고자 하는 얘기가 뭔지 알면 훨씬 더 많이 도와드릴 수 있습니다."라고 설명한다. 하지만 당신이 무슨 얘기를 하고자 하는지 스스로 모른다면 누구도 당신을 도와주긴 힘들다. 워크숍 참가자들은 아주 흥미롭고 재밌는 이야기를 자주 만들어내지만 그것을 어떻게 실전에 적용할지 모르는 경우가 많다. 하지만 괜찮다. 아직은 이야기의 최대효과를 못 내고 있을 뿐이니까.

도브잔스키 양식을 채울 수 있는 쉬운 방법이 존재하지 않을 수도 있지만 조금만 더 깊이 고민하면 엄청난 결과를 만들어 낼 수도 있다. 하지만 그것이 더 '인간적'일수록 드라마는 강화되고 메시지 전달의 효과는 더 강력해진다. 진화론에 대한 내 영화의 경우에도 진화론이나 창조론, 또는 논란 등의 단어는 정보 측면의 단어였고 진실이 인간 가치를 대변할 수 있는 핵심단어였다. '진실, 정의, 그리고 아메리칸 웨이'를 추구한 슈퍼맨의 캐치프레이즈와도 같은 것이다.

실제로 일어난 일이라고 흥미롭다는 보장은 없다

'내가 이걸 왜 알아야 하지?'로 다시 돌아가 보자. 짜증을 유발하는 질문일 수 있다. 하지만 이 질문에 대한 답을 알면 더 나은 커뮤니케이션을 구사할 수 있다. 나의 커넥션 워크숍 강사로 일하고 있는 도리 바톤은 수준 낮은 시나리오를 읽을 때마다 다정한 말투로 이렇게 말한다. "당신에게 실제로 일어난 일이라고 반드시 흥미롭다는 보장은 없어요." 끔찍한 말이긴 하지만 마음 한구석에 저장해둘 필요가 있다.

　당신이 5중 추돌사고에서 상처 하나 없이 살아나왔으며, 당신 외의 다른 운전자 네 명은 록밴드 멤버인 상황을 가정해보자. 한두 문장으로 짧게 설명하면 재밌을 수도 있는 일이다. 하지만 모든 세세한 상황을 길게 설명하면 "내가 이걸 왜 알아야 하지?"라는 질문이 튀어나올 수 있다. 누군가 당신에게 "그런 일이 일어날 확률은 참 낮을 거예요. 그런데 그 얘기가 왜 나한테 흥미로우리라 생각하죠? 그 얘기엔 어떤 시사성이 있나요? 어떻게 의미 있는 큰 그림을 만들어낼 수 있죠?"라고 말할 수도 있다.

사람들은 어떤 이야기가 당신에게 실제 일어났던 일이건 아니건 별로 신경 쓰지 않는다. 그들은 그 이야기가 특별한 의미가 있고 지루하지 않은지에 관심이 있다. 그럼 큰 그림은 과연 무엇인가?

당신의 연구제안서에 왜 관심을 가져야 하지?

이 질문은 당신의 연구제안서와 도브잔스키 양식의 상관관계를 설명한다. 나는 미국 과학재단으로부터 거절당한 연구제안에 대한 견해를 듣는 일이 항상 두려웠다. 그들은 "해삼의 유충에 우리가 왜 관심을 가져야 하죠?"라고 물을 것이기 때문이다.

당장 전화를 끊고 달려가 그들을 후려치고 싶은 마음이 굴뚝같았지만 나는 결국 고집스럽고 어리석게도 그들에게 지식을 위한 지식을 설명하곤 했다. 그들이 원하는 답이 결코 아닌데도 불구하고 말이다. 나는 연구제안서를 쓰는 것에는 젬병이었다. 내가 과학계를 떠나면서 가장 후련했던 점은 앞으로는 거절당한 연구제안서에 대한 견해를 듣지 않아도 되는 것이었다. 하지만…….

그로부터 얼마 지나지 않아 나는 할리우드 프로듀서들 앞에서 내 영화의 투자제안을 하고 있었다. 그들이 과연 뭐라고 말했는지 아는가? "산호초를 연구하는 해양생물학자들에게 우리가 왜 관심을 가져야 하죠?" 이 말을 듣고 그들을 후려치고 싶었다. 진심이다. 하지만 그 사건은 그들이 하는 질문의 핵심이 무언지 파악하기 시작한 계기가 되었다.

연구재단은 중요한 연구를 지원하고자 한다. 중요한 연구란 '서사를 진전시킬 수 있는' 것을 의미한다. 도브잔스키 양식을 채우도록 훈련하면 지원확률이 높은 제안서를 작성할 수 있다. 연구재단에 "_________을 제외하고는 미토콘드리아의 유전을 설명할 수 없다."라고 얘기할 수 있다면 그들은 당신의 연구에 관심을 기울일 것이다.

빅데이터와 벽돌공장

정보가 범람하는 요즘 서사의 중요성은 더욱 커졌다. 사실 과학자들은 지난 수십 년간 이 문제를 인지하고 있었다.

《사이언스》지는 1963년에 메이오 클리닉의 연구원인 버나드 포서 Bernard K. Forscher의 비문학적이지만 입지전적인 〈벽돌공장의 카오스Chaos in the Brickyard〉라는 글을 게재했다. 과학 세계를 풍자한 글로, 한 페이지 분량이지만 지극히 흥미롭다. 《사이언스》가 이런 비문학적 글을 오늘날에도 게재할 수 있을까 싶다. 이 글은 전형적인 방식으로 시작한다. "옛날 옛적에 여러 직업 중에 과학연구라는 직업이 있었고, 그것을 행하는 사람들을 과학자라고 불렀다. 사실상 그들은 정보라고 불리는 벽돌로 해석이나 법칙이라고 부르는 건물을 쌓는 건축업자였다."

이 간략한 이야기를 ABT 양식에 적용해 볼 수가 있다. 벽돌이 어떻게 만들어지며 **그리고** 어떻게 건물을 쌓아 올리는지, **하지만** 건축업자들은 용도와는 다르게 벽돌에 집착하게 되고 결국 과도한 벽돌을 만들게 된다. 그의 글은 이렇게 이어진다. "그래서 결국 세상은 벽돌로 홍수를 이루게 된다. **그러므로** 그것을 저장할 수 있는 저널이라고 불리는 창고가 우후죽순 생겨났다……."

제목 '벽돌공장의 카오스'가 이야기로 어떻게 이어지는지 보이는가? 벽돌(과학적 정보)이 범람하게 되면서 건축업자들은 용도에 맞는 벽돌을 찾을 수 없게 되고 결국은 카오스로 치달았다. 그는 글의 말미에 이렇게 말한다. "가장 슬픈 일은 때로는 벽돌 더미와 진정한 건축물을 구분하려는 노력조차 하지 않는다는 점이다."

그의 메시지를 파악할 수 있기 바란다. 과학계가 거대해지면서 과학자들은 큰 목적(또는 서사)을 잃어버렸고 그저 정보만을 앞세우게 된 것이다. 어떤 요소는 흥미롭고 궁금증을 유발하지만, 의미 있는 큰 그림은 만들어내지 못하는 잡다한 정보뿐이라는 도브잔스키의 말과 같다.

데이비드 와인버거 기자는 2012년도에 '알지만, 이해는 못 하는: 데이비드 와인버거의 과학과 빅데이터To Know but Not Understand: David Weinberger on Science and Big Data'라는 제목의 글을 《아틀랜틱》지에 실으며 뜻을 같이했다. 그는 〈벽돌공장의 카오스〉를 인용하면서 "1963년도의 과학계는 카오스적인 벽돌공장 같았다는데, 포셔 박사가 오늘날의 세계생물 다양성 정보기구Global Biodiversity Information Facility를 봤다면 주저앉아 울었을 것이다."라는 말로 글을 시작한다.

결과적으로 과학계는 60년대에 주저앉지 않고 벽돌공장의 카오스를 가

까스로 극복했다. 오늘날의 과학계도 절망적이지만은 않다. 하지만 뚜렷한 목적 없이 정보 보따리만 꾸리는 소모적인 행동은 비극이 아닐 수 없다. 도브잔스키의 양식을 활용하면 이런 소모적인 일을 줄일 수 있다. 이제 서사 구조로 한 걸음 더 깊이 들어갈 차례다.

8

방법:
문장,
ABT 양식

"ABT는 이야기의 DNA다."

—파크 호웰, 작가

만일 이 책에 심장과 영혼이 있다면 그건 바로 이 부분이다. 이번 장을 통해서 나는 당신의 이야기를 오래되기로는 길가메시처럼, 기초적이기로는 DNA와도 같이 한 문장으로 요약하는 방법을 소개하고자 한다.

엘리베이터에서 발표하기

익숙한 것으로 시작하도록 하자. 당신이 커뮤니케이션에 관련된 강좌를 들은 적이 있다면 '엘리베이터 피치elevator pitch'라는 말을 들어봤을 것이다. 엘리베이터 피치란 어떤 상품, 서비스 혹은 기업과 그 가치에 대한 빠르고 간단한 요약 설명을 의미한다. 만일 당신이 엘리베이터를 타고 있는데 중요한 사람이 들어와 당신의 프로젝트에 관해 묻는다면 엘리베이터가 불과 몇 층을 이동하는 짧은 시간 동안 이 중요한 인물에게 당신의 프로젝트를 어떻게 간결하고도 인상 깊게 설명할 것이냐는 것이다.

내가 알고 있는 이것을 효과적으로 수행하기 위한 방법은 바로 '많지 않게' 하는 것이다. 이 주장을 옹호하기 위한 사례 세 가지만 설명하도록 하자. 인터넷에서 '엘리베이터 피치'를 검색하면 처음 뜨는 링크가 노아 파슨스Noah Parsons의 《엘리베이터 피치의 7가지 요소The 7 Key Components of a Perfect Elevator Pitch》에 대한 것이다. 이것에 대해서 곧 설명하도록 하겠다. 두 번째가 2012년도의 베스트셀러였던 다니엘 핑크Daniel Pink의 《파는 것이 인간이다To Sell Is Human》에 수록된 '엘리베이터 피치'라는 제목의 전체 장이다. 핑크는 이것을 여섯 가지 접근법으로 설명한다. 다음으로는 크리스 오리어리Chris O'Leary의 《2분 안에 요점 전달하기How to Get Your Point Across in Two Minutes or Less》 등이 있다. 그는 아홉 가지 요소를 들어 설명한다.

왜 내가 알고 있는 방법이 '많지 않게' 하는 것이라고 했을까? 이제 그 이유를 알겠는가? 이는 여섯, 일곱 또는 아홉 가지나 되는 설명과 단 하나의 설명의 차이다.

핵심 메시지를 전달하는 건 서사의 중요요소다. 여러 가지 요소를 나열하는 건 "이것이 핵심요소다."라고 얘기하는 것보다 훨씬 더 쉬운 일이다. "시간이 없어서 긴 편지를 보낸다."는 말과 같은 뜻이다.

위에 언급한 어느 방법도 핵심 메시지는 없다. 서로 단절된 요소들의 나열일 뿐이다. 통합된 하나의 도구가 가장 강력한 것이다. 그 도구가 전체구성을 제공할 뿐 아니라 서사적 사고가 가능하도록 안내해준다면 더욱이 그렇다. 사람들의 관심을 집중시키는데 가장 중요한 요소를 한 가지로 집약하는 건 쉬운 게 아니다. 하지만 이번 장에서 소개하는 도구로 그것이 가능하도록 해 볼 작정이다.

오리어리는 그의 책을 간결, 명확, 강력, 신뢰, 개념, 탄탄함, 조화, 기호, 그리고 대화라는 아홉 개의 장으로 나눴다. 하지만 그는 열 번째 요소를 깜빡했다. 바로 '복잡'이다.

이야기의 DNA가 맞다

이 책을 통해 당신이 단 한 가지라도 터득하기를 바란다면 그건 바로 ABT 양식이다. 서사 구성에 이와 견줄만한 양식은 없다. '랜디 올슨 방식의 이야기 구성'이 절대 아니라 그냥 진리다. 이 양식은 헤겔과 아리스토텔레스의 철학으로 직결된다. 그들과 연결될 수 있는 유일한 길이다.

ABT는 과학자로서 당신의 연구제안서를 간결하고도 흥미롭게 작성하는 것부터 그 외의 여러 가지에 활용될 수 있다. 당신이 연구제안서를 한 문장으로 요약할 수 있다면 (a) 아무도 지루해하지 않을 것이며 (b) 아무도 혼란스럽지 않을 것이며 (c) 두뇌의 서사를 담당하는 부분을 가동하게 할 것이다. (하슨의 영화 신경학을 떠올려 보시라. 당신도 히치콕이 한 것을 따라할 수 있다.) ABT의 최대 강점은 바로 이것, 서사를 담당하는 뇌를 가동하게 만든다는 사실이다.

ABT:
보편적인 서사 양식

ABT는 오래된 것이기도 하고 새로운 것이기도 하다. 이 양식의 간결함 때문에 사람들은 ABT를 초등학생 때 배웠던 것으로 느낀다. 친숙함이 느껴진다는 것은 좋은 징조다. 하지만 감히 장담컨대 이것에 대해서 배운 사람은 없다. 2011년도 가을에 세세히 조사해 본 결과 아무것도 찾지 못했다. ABT와 유사한 것은 있었지만 ABT는 아니었다.

ABT 양식은 내가 책 서두에 언급했던 3막 구조와 흡사하다. 이야기는 발단, 전개, 결말의 세 부분으로 구성된다. 전형적인 이야기는 기본적인 정보를 제공하는 설정으로 시작한다. 이 설정 요소들을 봉합하는 가장 간단하고 대표적인 연결고리는 '그리고'라는 단어다.

'그리고'로 연결된 몇 가지 요소들이 모이면 이야기가 시작해야 하는 지점에 도달한다(이야기는 사건이 벌어지면서 시작된다). 전개 부분에 접어들 시기가 된 것이다. 이곳이 바로 '하지만'이란 단어가 끼어드는 지점이다. '하지만'은 무엇에 반한다는 의미의 단어로 서사를 기존과는 다른 방향으로 흘러가게 만든다. 즉 몇 가지 설정 요소를 제공하고는 '하지만'과 함께 이야기의 방향을 반대로 트는 것이다. 이것은 긴장이나 갈등을 유발하여 듣는 사람으로 하여금 이야기를 자각하게 하고 뇌의 스위치를 켜는 역할을 한다. 미스터리 장르를 예로 들면 이렇다. "조그만 동네가 하나 있었다. **그리고** 거기 행복한 가정이 하나 있었다. **하지만** 어느 날 아버지가 베란다에서 죽은 채 발견됐다."

'하지만'이란 단어는 이야기의 시작점을 알리고 또한 앞에서 언급했던 평범한 세계에서 특별한 세계로의 전환이 가능하게 하는 '선동적 사건'을 제공한다. 이 지점에서 우리는 서사의 세계로 빠져들며 두뇌의 특정한 부분이 가동되기 시작한다.

"누가 아버지를 죽였을까?"라는 질문으로 이어질 수 있는 설정이 완료되면 우리는 '그러므로'를 개입시켜 질문의 해답을 얻을 수 있는 여정을 떠날 수 있다. 이제 이야기의 구성이 완성된 것이다.

아니면 "어느 동네에 사람들이 살았다. **그리고** 그들은 근방에 사는 드래곤의 존재를 두려워하며 살았다. **하지만** 한 기사가 드래곤을 베어버렸다. **그러므로** 동네 사람들은 행복하게 살았다."라는 이야기의 전체구성을 활용할 수도 있다.

ABT는 상당히 융통성이 있고 보편적이다. 이 양식은 당신의 이야기를 간략하고 흥미롭게 만드는 데 도움을 줄 수 있으며 이야기를 흘러가게 한다.

서사
진전시키기

나는 ABT를 처음 소개할 때 수강자들을 대상으로 실험을 하나 했다. 강의를 시작할 때 공동강사인 도리 바톤과 브라이언 팔레르모와 함께 몇몇 수강자들에게 에드워드 호퍼Edward Hopper의 그림을 보여주고 무엇을 봤는지 물어봤다. 친구 한 명은 시간을 쟀다. 그들은 평균 30초 동안 그림을 보고 본 것을 얘기하기 시작했지만 얘기를 언제 멈춰야 할지 결정하는 것을 어려워했다. ABT의 설명이 끝나고 강의 막바지에 우리는 똑같은 그림을 보여주고 다른 수강자들에게 ABT를 사용해서 설명해보라고 주문했다.

그들은 설정을 만들기 위해 본 것을 '그리고'로 연결하기 시작했다. 그리고는 예상대로 '하지만'을 사용했고 바로 '그러므로'로 이동했다. 그들이 사용한 평균시간은 13초였다.

이것을 '서사의 진전'이라고 한다. 관객이 열망하는 것이다. 그들은 같은 얘기를 반복하길 원하지 않는다. 그들은 이야기가 진전하고 어서 사건이 발생해서 문제를 해결하는 방향으로 흘러가기를 원한다. ABT는 당신이 그렇게 할 수 있도록 해준다.

마지막 실험대상들은 설명이 빨랐고 간결했으며 또한 확고했다. "방에는 세 사람이 있다. **그리고** 창문으로 들어오는 빛은 오후임을 알린다. **하지만** 중앙에 있는 여인은 앉아 있는 남자에게 질문하는 듯 보인다. **그러므로** 이 장면은 심문 장면인 듯 하다." 그들은 그림 속의 이야기를 엮어냈다. 아주 간결하고 간략하며 매우 빠른 방식으로 말이다. 이것이 ABT의 힘이다.

지루한 나라:
AAA 구성

만일 '하지만'이란 단어에 도달하지 못하면 어떻게 될까? 현실에서 매일 일어나는 일이다. 사람들은 어떠한 클라이맥스나 결론에 도달하지 않는 이야기를 하고, 또 한다. 듣는 사람은 그저 지루할 뿐이다.

나는 《말문 트인 과학자》의 출간을 위해 애틀랜타의 질병통제예방센터CDC를 방문했을 때 이런 문제를 처음 인지했다. 준비 기간에 나는 그곳의 커뮤니케이션 담당자들과 얘기를 나눴다. 그중 한 명이 과학자들을 대하며 겪은 고충과 실망감을 토로했다. 그녀는 과학자들에게 "대중에게 어떤 커뮤니케이션을 해주기를 원하나요?"라고 물었고 과학자들은 "CDC 이야기를 해 주시죠."라고 대답했다. 그녀가 'CDC 이야기'가 뭐냐고 묻자 그들이 말했다. "알잖아요. 우리가 여기서 치료하는 모든 질병과 신약개발, 그리고 수상기록이요." 그것은 정보의 나열이지 이야기가 아니지 않은가. 이야기는 사건이 발생할 때 시작되는데.

이것은 이야기의 철칙이며 매우 중요한 요소다. 사건이 일어나기 전까지는 이야기가 아니다. 나는 공중보건의를 대상으로 한 스토리텔링 워크숍에 참여한 경험이 있다. "당신 프로그램의 이야기는 뭔가요?" 강사가 수강자들에게 물었다. "우리는 여기서 이 일을 하고 저 일을 하고 그러다가 몇 살이 됐고……." 한 명도 빠짐없이 이런 식으로 얘기했다. 그건 이야기가 아니다. 발언을 멈추고 이 점을 설명했으면 좋으련만 강사는 그러지 않았다. 그도 그럴 것이 강사도 이야기가 무엇인지 잘 몰랐던 것이었다.

과학자들은 이처럼 아주 빈번하게 대중 앞에서 그래프를 여러 개 펼쳐놓고 정보를 나열한다. "이 그래프는 먹이 주는 주기를, 이 그래프는 소화 속도를 보여주고, 또 이 그래프는 먹이의 크기와……." 하지만 이 정보들은 도브잔스키가 경고했던 것처럼, 결국 잡화 더미인 것이다.

이런 '그리고, 그리고, 그리고' 구성을 AAA(And, And, And)라고 부른다. 이것은 서사가 아니다. 정보만 있고 이야기는 없다. 단언컨대 이런 구성은 지루하다. 최악의 커뮤니케이션 방법의 하나다(또 하나는 혼란인데 곧 설명하기로 하겠다).

하슨의 영화 신경학 실험에서 사용한 워싱턴 스퀘어 공원을 배회하는 사람들의 영상은 이렇게 설명할 수 있다. "사람들이 걷는다. **그리고** 몇몇은 개를 데리고 있다. **그리고** 해가 쨍쨍하다. **그리고** 나무들이 있다. **그리고**…." 전형적인 AAA 구성이다. 지루하기 이를 데 없다. 그 영상을 본 실험대상들의 기능적 자기공명영상에서 낮은 뇌 반응을 관찰할 수 있었던 이유다. 반면 히치콕 영화의 클립은 "방에 네 명의 남자가 있다. **그리고** 그들은 조용하다. **하지만** 그 중 한 명이 총을 꺼낸다. **그러므로** 누군가 그 총에 맞을 수 있다."로 설명될 수 있다. 이것이 ABT 구성이고 이 구성은 흥미롭다.

경계가 뚜렷한 것 같지만 방심은 금물이다. 커뮤니케이션에 들어서면 차이점은 굉장히 깊은 곳에 숨어있기 때문이다. ABT를 이야기의 DNA라고 부를 수 있는 이유다. 서사 구조를 염기쌍과 코딩의 수준으로 쪼개는 것과 같다.

ABT의 원본

ABT의 기원은 뭐지? 내가 언급했던 길가메시와 아리스토텔레스 그리고 드라마의 5개 부분과 이후 1800년대에 정립, 반정립, 종합의 삼각 구도를 만들어냈던 헤겔을 기억하는가? 이것들이 ABT의 기본이지만 그 외로도 많이 있다.

삼각 구도를 흡수하고 주변을 살피면 어디서나 그것을 발견할 수 있다. 경영자들을 대상으로 워크숍을 열면 수강자들은 그들이 사례연구에 사용하는 양식이 있다고 말한다. 그들은 이야기를 바바라 민토Barbara Minto가 개발한 민토 피라미드 원리Minto Pyramid Principle인 '상황, 분규, 해결'로 나눈다고 한다.

그것은 ABT와 같이 삼각 구조로 되어있다. 상황(우리는 이것을 가지고 있다. **그리고** 이것도 가지고 있다. **그리고**……), 분규(**하지만**을 통해 사건이 발생한다), 그리고 해결(**그러므로** 우리는 이렇게 문제를 해결했다)이다. 차이점이 있다면 '그리고, 하지만, 그러므로'가 더 짧고 간략하다는 것이다. '그리고'와 '하지만'은 하루에도 수백 수천 번씩 듣기 때문에 존재감이 거의 없다. '그러므로'는 다소 투박해서 다른 단어로 교체할 수 있지만 그래도 건설적이고 지시적인 느낌이 있어서, 이 구성에 익숙해질 때까지 그대로 사용해도 무방하다. ('그래서'보다는 낫지 않을까?)

ABT는 어디서나 불쑥 나타난다. 지난 세기 후반에 저명한 서사문학 학자였던 앨버트 로드Albert Lord는 허탈(Withdrawal), 파멸(Devastation), 회복(Return)으로 구성된 서사 구조를 만들었고 이를 WDR이라고 불렀다. 그는 《일리아드Iliad》에서 이런 서사 패턴을 적어도 7번이나 발견했다고 주장했다.

ABT는 강력하고 보편적이다. 정말 〈사우스 파크〉에서 따온 걸까? 아니다. 파커와 스톤이 인터뷰에서 오랜 시간 동안 〈사우스 파크〉를 공동 집필하는 과정에서 파생된 규칙이라고 말했다. 그럼 그들이 창조한 걸까? 아마 아닐 것이다.

나는 누가 ABT의 뼈대를 창조했는지 알 것도 같다. 전설적인 시나리오 작법 강사인 프랭크 다니엘Frank Daniel이다. 그는 많은 전문가들이 역대 최고로 꼽는 시나리오작법 강사다. 그는 1960년대에 체코에서 미국으로 이민했으며 콜롬비아대학교의 시나리오작법 프로그램을 창시했고 수십 년간 선댄스 전문학교의 예술감독으로 재직했다. 이후 그는 남가주대학교에서 시나리오작법을 강의했고 나는 1995년에 그의 시나리오분석 강좌를 수강하는 행운을 누렸다. 1995년은 그가 작고하기 1년 전이었다.

그는 그야말로 대단했다. 그는 자신이 개발한 '시퀀스 패러다임Sequence Paradigm'을 활용하며 시나리오의 구조적 역학을 분석한 선구자였고 그것을 남가주대학교에서도 가르쳤다. 그의 장례식에 제자이자 컬트영화의 대가인 데이비드 린치David Lynch가 칭송의 연설을 했다. 데이비드 린치는 인터뷰를 통해 "프랭크처럼 영화예술을 이해하고 있는 사람은 없다."라고 말했다.

이것이 내가 생각하는 ABT의 원본이다. 1986년에 다니엘의 연설문을 보면 다음과 같은 것들을 발견할 수 있다.

> 초고의 문제는 지루함이다……. 거기엔 몇 가지 이유가 있는데 그중 하나는 장면들이 '그리고, 그리고, 그리고' 같은 금지된 패턴을 따르기 때문이다. 이런 경우 독자는 바로 지루함을 느낀다. 장면들을 연결하는 이야기의 패턴은 주로 '그리고', '하지만', '그러므로', 그리고 절정 부근에서 '동시에'로 이어진다. 만일 '하지만'이나 '그러므로'의 연결이 없다면 이야기는 평행적이고 단조롭게 된다. 일기나 기록문은 그런 방식으로 쓸 수 있지만, 시나리오는 그러면 안 된다.

도브잔스키의 말을 가지고도 그랬듯이 다니엘의 두 문장이 내포하고 있는 모든 지식을 파헤쳐 보도록 하자.

지루함

다니엘은 첫 번째 문장에서 잘못된 과학발표의 폐해를 대변했다. 우리가 이미 논의했던 AAA 구조다. 과학자가 한 얘기를 하고 또 하는 전형적인 예로, 자료수정의 거부나 실패의 산물이다. 다니엘이 얘기한 것처럼 초고의 형태인 것이다.

기초적 질문을 떠올려 보자. 누가 효과적인 커뮤니케이션에 대한 짐을 질 것인가? 제시되는 모든 데이터를 청중이 듣고 정리해서 이야기의 형태로 만들어야 할까?

그럴 수만 있다면 과학발표는 정말 이상적일 것이다. 인간의 잣대를 전혀 들이대지 않고 데이터만 제공하고 판단은 청중이 하도록 하는 방법 말이다. 그야말로 정직하고 귀납주의적인 방법으로 느껴진다. 하지만 과학은 그렇게 진행되지도 않을뿐더러 그 방식은 상당히 위험하기도 하다. 문맥이 빠진 상태에서 정보가 제공되었을 때 청중에게 막중한 부담을 안기게 되고 연구를 곡해할 수 있는 위험이 커진다.

대안은 과학자가 효과적 커뮤니케이션에 대한 짐을 지는 것이다. 이 말은 과학자가 수십 시간의 고민을 하고 몇 차례의 원고를 거치고 자료를 다듬어서 청중의 뇌에 있는 둥근 수용기에 부드럽게 들어맞을 원통형의 발표를 만드는 것을 의미한다.

그 결과는 정보가 체계적으로 정리된 형태의 발표다. 발표는 물론 그래프를 포함할 수 있다. 하지만 그 형태는 '그리고'로 연결된 정보를 알려주는 그래프 이후에 '하지만'으로 연결되어 반전을 알리는 그래프와 '그러므로'로 연결되어 해법을 제시하는 그래프로 이어져야 한다. 이런 형태의 그래프는 단순히 정보를 제공하는 기능만 하는 게 아니라 청중의 마음속에 서사를 가동하는 역할도 하는 것이다.

유일한 단점은 발표자가 훨씬 더 많은 시간과 노력을 투입해야 한다는 것이다. 청중이 당신의 발표를 명확하고 올바르게 이해하는 것이 얼마나 중요한

지 스스로 질문해보기 바란다. 나는 10장에서 나와 함께 이런 시간과 노력을 기꺼이 투자한 두 그룹의 과학자들에 대해 언급한다. 그 결과는 실로 대단하다. 그들은 그 발표에 인생에서 가장 많은 시간과 노력을 투자했다. 그게 대단한 결과에 대한 대가다.

AAA: 잘못된 건 없다

AAA 구성이 태생부터 잘못된 것이라고 말하는 게 절대 아니다. 나는 강의를 할 때 이 얘기부터 전달하는 편이다. 그러지 않으면 많은 청중이 서로 쳐다보며 이렇게 웅성거리기 때문이다. "큰일 났다. 내일 발표할 자료는 전부 AAA 구성인데……. 오늘 밤 파티는 취소해야겠어. 밤새 수정해도 시간이 모자라겠는데."

정말이다. 나는 강연할 때마다 이런 얘기를 듣는다. 어떤 강연이 끝나고 리셉션에서 한 학생이 다가오더니 이렇게 말했다. "다 준비됐던 내 발표자료를 산산조각 내셨군요. 감사합니다." 바람직하다. 물론 학생은 농담을 한 것이다. 간결하고 흥미로운 발표를 하려는 건 누구나 마찬가지 아닌가?

다시 한 번 말하지만, 데이터만 정확하다면 AAA 발표는 문제가 없다. 지루한 건 사실이지만 용도는 충족한다. 단지 우리는 충족을 넘어서는 방법을 논하자는 것이다. 나는 당신이 최고치에 다다를 수 있기를 바란다.

AAA 구성은 지루하다는 것 말고도 또 다른 문제가 있다. 사실이 사실 그대로 전달될 확률이 높지 않다. 청중은 당신이 제공하는 정보를 당신이 원하는 방향으로 이해하지 않을 수도 있다.

칼린 캠벨Karlyn Campbell은 자신의 저서 《수사학적 행동The Rhetorical Act》에서 "진실은 스스로 걸을 수 없다."고 말했다. "진실은 사람을 통해서만 전달된다. 그것은 설명과 옹호가 필요하고 언어와 논쟁, 그리고 호소를 통해서 퍼진다." 많은 과학자가 불안해하는 것이다. 하지만 이것이 현실이다.

가설연역법 vs 귀납법

바람직한 과학은 귀납법보다는 연역법을 사용한다. 귀납적 접근은 선입견도 없고 생각해둔 틀도 없다. 맨몸으로 자연에 나가 자료를 수집하고 그것을 토대로 패턴을 찾는 것이다.

귀납법은 이상적이긴 하지만 좀처럼 행해지지 않는다. 누구나 소모적이길 거부하기 때문이다. 과학연구가 사람들의 생각처럼 기계적이지 않다는 것에 관한 글들이 무수히 존재한다. 헨리 바우어Henry H. Bauer는 1992년에 그 내용으로 《과학적 소양과 과학연구의 통념Scientific Literacy and the Myth of the Scientific Method》이란 제목의 저서를 집필했다.

만일 모든 새가 먹이나 온도 때문에 나무의 한쪽 편에만 앉는다는 주장이 믿을만한 근거가 있다면 그것을 입증하기 위해 나뭇가지의 방사능 수치를 측정하거나 땅의 칼륨 수치를 측정하는 등의 소모적인 일로 시간과 예산을 낭비할 필요는 없다. 적절한 시점에 몇 가지 필수적인 측정만 하면 된다.

대다수 과학자는 연구의 효율을 높이기 위해 덜 기계적인 가설연역법을 사용한다는 사실을 인정한다. 발견된 패턴을 설명할 수 있을 법한 모든 가설 중에서 고민하고 실험하기엔 시간 낭비인 것부터 쳐내는 방식이다.

가설연역법은 서사다. ABT와도 같다. 그것은 프로그램이 태생적으로 잘못된 인간의 뇌로 고난도의 일을 수행할지라도 동료들을 위해 일을 효율적이고 생산적이게 해준다. 그러므로 과학연구는 귀납법(AAA)보다는 가설연역법(ABT)이 더 바람직하다고 할 수 있다.

다시 ABT로 돌아가 보자. 이것은 대중에게 효과만점인 역사 깊은 구성이며 무한정 강력하다. 그래도 그 효과가 의심된다면 당신의 의심을 잠식시킬 역사적 인물들을 언급해보도록 하겠다.

ABT의 유명한 팬

에이브러햄 링컨

맞다. 링컨은 ABT 동지다. 왜냐하면 게티즈버그 연설문도 ABT이기 때문이다. 그 연설문은 엄청나게 간략하고 흥미롭다. 이것을 발견한 애리조나 주립대학교의 파크 호웰에게 감사해야 한다. 게티즈버그 연설문에 대한 자각이 파크가 ABT가 이야기의 DNA라고 주장한 주된 이유다.

게티즈버그 연설문은 미국 역사에서 가장 위대한 연설문 중 하나다. 미국 공영방송망의 다큐멘터리 감독인 켄 번스Ken Burns가 그 연설의 150주년을 기념하기 위해 다큐멘터리영화를 제작했을 정도로 대단한 것이다. 그러나 번스가 영화에서 하나 빼먹은 게 있다. 그 연설이 철저히 ABT 구성에 입각해 있다는 사실이다.

그 연설문을 한번 읽어보기 바란다. 이보다 더 명확할 수 있을까? 그 연설의 문장은 ABT의 구성과 거의 같다. (주의: 이 연설문은 최소한 다섯 가지 이상의 버전이 있다. 하지만 차이는 그리 크지 않다. 나는 인용지수가 가장 높은 버전을 사용했다.)

여기 첫 번째 문장이 있다. 명확하게 '그리고'로 연결할 수 있는 선언문으로, 나는 원문에는 없는 '그리고'를 삽입해봤다.

> 네 번의 20년 하고도 7년 전, 우리의 선조들은 이 대륙에서 새로운 나라를 탄생시켰습니다. **그리고** 그 나라는 자유 속에서 잉태되었으며 만인은 모두 평등하게 창조되었다는 명제에 봉헌되었습니다.

두 번째 문장에 '하지만'은 없지만 그래도 충분히 넣을 수 있다.

> **하지만** 우리는 지금 그렇게 잉태되고 봉헌된 나라가 과연 오랫동안 존재할 수 있는지 시험하기 위해 거대한 내전에 휩싸여 있습니다. 우리가 모인 이 자리는 큰 전쟁이 벌어졌던 곳입니다. 우리는 이 나라를 살리기 위해 목숨을 바친

> 분들의 마지막 안식처가 될 수 있도록 그 전쟁터의 땅 한 조각을 헌납하고자 여기 왔습니다. 그것은 너무도 마땅하고 적절한 것입니다.

링컨은 '그들이 말했다(87년 전 탄생한 나라)'를 먼저 서술하고, 이후 '내가 말했다(그 나라가 지금 내전에 휩싸여 있다는 것)'로 서사의 방향을 바꾸며 자신의 목적을 설정한다.

사실 세 번째 문단은 '하지만'으로 시작하며 ABT와 궤를 같이한다. 중반쯤에 링컨이 결론, 또는 '작전 개시'를 명하며 청중에게 문제를 해결하기 위해선 무엇을 해야 하는지 얘기할 때 서사의 변화를 느낄 수 있게 된다. 보다시피 '그러므로'가 아주 자연스럽게 삽입될 수 있다.

> 하지만 더 큰 의미로 보면 이 땅을 봉헌하고 축성하며 신성하게 하는 자는 우리가 아닙니다. 전사자든 생존자든 여기서 고군분투했던 그 용감한 분들이 이미 이곳을 신성한 땅으로 만들었기에 우리는 거기에 더하거나 뺄 것이 없습니다. 세상은 오늘 우리가 여기서 무슨 말을 했는지 주목하지도, 오래 기억하지도 않겠지만 그분들이 여기서 이룬 업적은 절대 잊지 않을 겁니다. **그러므로** 그분들이 고결하게 지켰지만, 미완으로 남긴 일을 수행해야 하는 건 살아있는 우리입니다. 그 미완의 과업을 달성하기 위해 여기 바쳐야 하는 것은 바로 우리 자신입니다. 우리는 명예롭게 죽어간 분들로부터 더 큰 헌신의 힘을 얻어 그분들이 신명을 다 바쳐 지키고자 한 대의에 우리 자신을 봉헌하고 그분들이 헛되이 죽어가지 않았다고 증명해야 합니다. 신의 가호 아래 이 나라는 자유로 새롭게 탄생할 것이며 국민의, 국민에 의한, 국민을 위한 정부는

지구상에서 절대 사라지지 않을 것입니다.

바로 이거다. 이 연설은 학생들을 가르치기에 정말 좋은 재료라고 장담한다. 학생들에게 이것을 논쟁의 구조로 보게 하고 '그들이 말한다. 내가 말한다'가 논쟁의 구조에서 얼마나 영향력이 큰지 설명할 수 있다. 평범 속에 숨어 있는 삼자 구조. 볼수록 놀랍다.

링컨은 자신의 메시지를 너무도 명확히 전달했다. 이 연설이 길이 남은 건 우연이 아니다. 그 점 말고도 이 연설은 칭송받을 요소들이 많다. 서두의 "네 번의 20년 하고도 7년 전"이라는 아름다운 운율(그냥 '87년 전'이라고 하는 것보다 훨씬 더 시적이라는 격찬을 받는다)과 간결하고도 간략함(이 연설문에 대한 평가문에서 인용한 것이다). 하지만 이 모든 요소를 갖추고도 별로일 수 있다. AAA 구조도 간결하고 간략할 수 있지만 쉽게 잊힐 수 있다.

이 연설문의 삼자 구조를 '과거, 현재, 미래'로 분석한 자료도 있다. 틀리지 않았다. 하지만 '현재' 부분에서 가지고 있는 문제가 소개되지 않았다면 그렇게 강력하지는 않았을 것이다.

문제-해결 구도의 힘이다. 그 구도는 청중의 뇌를 가동시켜 바로 서사에 빠지게 만든다. 어찌됐건 링컨의 연설문은 ABT의 표본이다.

왓슨과 크릭

어느 저명한 업적에 또 하나의 ABT 사례가 있다. 만일 당신이 과학자라면 이것이 결정타가 될 수 있기를 희망한다. 1953년에 제임스 왓슨과 프랜시

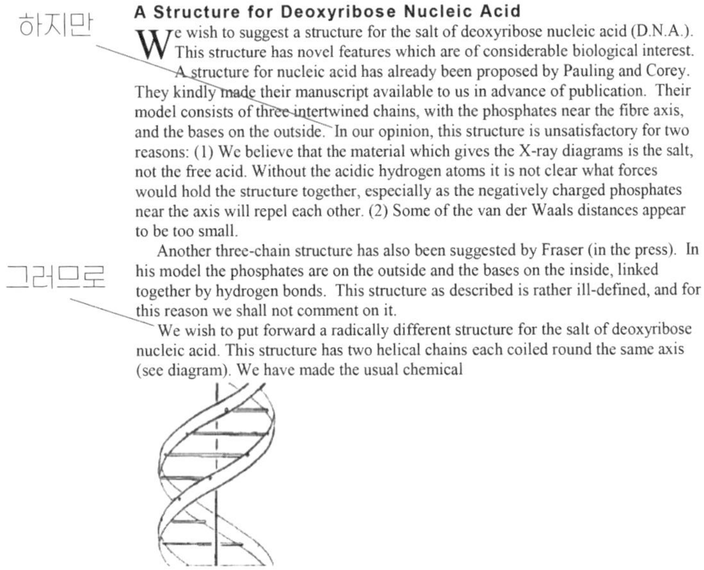

A Structure for Deoxyribose Nucleic Acid

We wish to suggest a structure for the salt of deoxyribose nucleic acid (D.N.A.). This structure has novel features which are of considerable biological interest.

A structure for nucleic acid has already been proposed by Pauling and Corey. They kindly made their manuscript available to us in advance of publication. Their model consists of three intertwined chains, with the phosphates near the fibre axis, and the bases on the outside. In our opinion, this structure is unsatisfactory for two reasons: (1) We believe that the material which gives the X-ray diagrams is the salt, not the free acid. Without the acidic hydrogen atoms it is not clear what forces would hold the structure together, especially as the negatively charged phosphates near the axis will repel each other. (2) Some of the van der Waals distances appear to be too small.

Another three-chain structure has also been suggested by Fraser (in the press). In his model the phosphates are on the outside and the bases on the inside, linked together by hydrogen bonds. This structure as described is rather ill-defined, and for this reason we shall not comment on it.

We wish to put forward a radically different structure for the salt of deoxyribose nucleic acid. This structure has two helical chains each coiled round the same axis (see diagram). We have made the usual chemical

그림 12 왓슨과 크릭은 1953년에 《네이처》지에 게재한 입지전적인 논문에 ABT 양식을 사용했다. 단어를 삽입해보면 알 수 있듯 논문은 ABT 구조로 시작한다.

스 크릭Francis Crick•은 과학계 전체, 적어도 생물학계에서는 역사상 가장 중요한 논문을 《네이처》지에 게재한다. '데옥시리보핵산'이라는 생명체의 핵심 구조에 대한 최초의 설명이었다. 바로 DNA다.

• 프랜시스 크릭 영국의 분자생물학자. 1916년에 출생해 2004년에 타계하였다. DNA 이중나선 구조의 발견으로 생명공학의 첫 장을 열었고, 미국의 제임스 왓슨과 함께 노벨생리의학상을 수상하였다. 런던대학교에서 물리학을 공부하였으며, 제2차 세계대전 중에는 자기기뢰, 음향기뢰 등 군사 분야 연구에 종사하였다. 종전 뒤 생명 활동의 물리적 기초에 관심을 갖게 되면서 1947년 케임브리지대학교로 옮겨 생물학 박사학위를 받았다.

그들의 논문은 흥미로울 뿐 아니라 두 장 남짓한 간결함으로 더 전설적이다. 제임스 왓슨** 은 이후 1968년에 편찬한 그의 저서《이중나선》을 통해 그가 얼마나 천부적인 이야기꾼인지를 입증했다. 서사에 대한 그의 이해도는 실로 깊다. 그의 논문 첫 번째 페이지부터 ABT 구조와 맞아떨어지는 것은 그리 놀랄 일도 아니다.

논문이 어떻게 시작되는지 보길 바란다. 제시하는 설명문들이 '그리고'로 연결될 수 있다. 저자는 기본적으로 이렇게 말하고 있다. 이 구조는 이미 다른 사람들이 제시했다. **그리고** 그 사람들이 우리에게 자료를 제공한 것이다. **그리고** 그들의 모형엔 세 개의 체인이 있었다. **하지만** 우리는 그들의 생각이 틀렸다고 생각한다.

너무 간략하고 명료하며 설득력이 있다. 그들의 주장이 직설적으로 펼쳐져 있고 '그들이 말한다, 내가 말한다.'가 명확히 적용되었다. 그들은 '그들이 말한다(폴링-코리의 단백질구조)'를 먼저 서술하고 바로 '내가 말한다("우리는 이 모형이 만족스럽지 않다고 생각한다.")'로 전환한 후 그들의 새로운 발견을 소개한다.

그들은 서사적으로 독자를 자신들의 세계로 끌어들이는 데 시간을 할애한다. 그리고 여러 방향으로 우왕좌왕하지 않는다. 그들은 자신들의 연구가

** 제임스 왓슨 미국의 분자생물학자이다. 1928년 출생하였다. 프란시스 크릭과 공동연구로 DNA 이중나선 구조를 발표하였고, 1962년 크릭과 함께 DNA의 분자구조해명과 유전정보 전달에 관한 연구업적으로 노벨생리의학상을 수상하였다. 게놈 프로젝트의 초대 책임자를 맡기도 했으나 인종차별적 발언으로 큰 논란을 일으키면서 과학계에서 퇴출됐다.

뭔지 명확하게 전달하고 하나의 새로운 방향으로 당신을 인도한다.

장황하지도 않다. 그들은 지식이 얼마나 깊은지 보여주기 위해 수십 개의 인용구를 달지도 않았다. 그래봤자 독자로부터 "알았어. 이제 충분해."라는 반응밖엔 나오지 않을 테니까. 그들은 '이야기'부터 설정하고 시작한다.

그리스인도 그렇게 했다. 조지 루커스도 〈스타워즈〉에서 그렇게 했다. 전문인이든 아니든 대부분이 이렇게 하기를 원한다. 먼저 이야기에 끌어들이고 나서 새로운 방향으로 인도하는 그런 방식 말이다. 이것은 최초의 과학 논문이 탄생하기 훨씬 전부터 존재하던 역학이다.

역학이라는 단어

이제 ABT를 구성하는 세 개의 단어를 자세히 살펴보자. 그것들은 모두 '변화'를 의미하는 단어로, 3막 구조의 역학과 합을 이루면서 동의에서 부정으로, 이후 결과로 이동한다.

그리고

'그리고'는 동의와 긍정의 단어다. 즉흥 연기법에 조예가 있다면 주어진 상황에서 항상 "네."라고 대답하는 긍정의 토대 위에서 가능하다는 걸 잘 알

것이다. 즉흥연기의 표준적 표어는 "네, 그리고……."이다. 상대방이 당신에게 터무니없는 소리를 하더라도 당신은 그것을 부정하지 않고 "네, 그리고……."로 인정해야 한다.

서두의 요소들을 '그리고'로 연결하면서 당신은 긴장이나 갈등 없이 이야기를 시작할 수 있다. 관객의 마음을 움직이려는 시도 전에 기본적인 정보를 나열하는 순수 동의를 의미한다. 부록 A에서 '또는, 똑같이, 유사하게, 마찬가지로, 추가로' 등의 동의를 의미하는 다른 단어들을 소개하겠다.

하지만

'하지만'은 반대와 부정, 그리고 부인의 단어다. 즉흥연기 강사들은 이 단어의 사용을 금한다. 이 단어는 가던 방향을 바꾸기에 창조적이거나 큰 아이디어를 설계한다면 안 좋은 선택일 수 있다. 흐름의 방향을 바꾸면서 창의성을 죽일 수도 있기 때문이다.

'하지만'은 방향을 반대로 틀기 때문에 긴장이나 갈등을 유발한다. 우리는 가던 방향에 만족하며 편안함을 느꼈기 때문이다. 그러나 우리는 이제 가던 방향으로 가지 않기에 불안해진다.

갈등은 이야기의 원동력이다. 로버트 맥키Robert McKee는 그의 저서 《Story: 시나리오 어떻게 쓸 것인가Story: Style, Structure, Substance, and the Principles of Screenwriting》에서 '스토리텔링을 위한 갈등의 법칙'에 대해 설명한다. 그는 "갈등이 없으면 이야기는 절대 전진하지 않는다."라고 말한다. 그리고 "스토리텔링에서 갈등은 음악의 소리와도 같다."라고 덧붙인다.

왓슨과 크릭의 《네이처》 논문에서 "우리는 그들의 생각이 틀렸다고 생각한다."라고 한 부분이 바로 이것이다. 그들은 서두에 필요한 정보를 나열하고—다른 사람들의 '말'— 곧 방향을 튼다. 그러므로 이야기가 전진하고 서사가 진전하며 사람들은 흥미를 잃지 않고 집중하게 되는 것이다.

여기 부정을 의미하는 다른 단어들이 있다. 그런데도, 그렇지만, 할지라도, 그 대신에, 역으로, 그것보다는, 그것과 달리. 서사의 방향을 한 번 바꾸는 것은 좋다. 하지만 하나의 서사에 대한 영향력을 고려한다면 그 이상 방향을 바꾸는 것은 문제가 될 수 있다. 이것은 곧 논의하기로 하자.

그러므로

'그러므로'는 결과의 단어다. '시간적 단어'로서 어느 정도 시간이 흐른 후에 등장하여 결과나 그 효과를 암시한다.

이야기의 핵심적 요소는 뭘까? 시간이다. 서사의 진전은 이야기의 요소들을 앞으로 나아가게 하는 시간을 의미한다. '그러므로'가 바로 그 역할을 담당하며 요소들을 모아 더 멀리 진전시킨다.

나의 워크숍에서도 '그러므로'의 기능을 목격할 수 있다. 요점을 전달하기 위해 누군가 긴 시간을 주저리주저리 얘기할 때 또 다른 누군가가 불쑥 끼어들어 "그래서?"라고 외친다. "당신의 요점은 뭐죠? 무슨 얘기를 하려는 거죠? 어디로 가는 거죠?" 등의 질문과 같다.

최근에 나는 배우인 친구와 함께 기후변화에 대한 아주 지루한 연설을 들었다. 난 그가 내 강연을 들은 적이 있다는 걸 전혀 기억하지 못하고 있었다.

연설이 30분쯤 진행됐을 때 그가 나에게 "그래서?"라고 속삭였을 때 나는 깜짝 놀랐다.

ABT 단어들을 발판처럼

ABT 단어들은 특별하지 않다. 반드시 그 단어들을 사용하지 않아도 된다. '또는(Also), 여전히(Still), 이후로(Since)' 등을 사용해도 된다(첫머리 글자가 좀 민망하긴 하지만). 그보다 더 좋은 건 아무것도 사용하지 않는 것이다. 그 단어들은 당신이 이상적인 서사에 도달하기까지 도움을 주는 요소일 뿐이다. 튼튼한 건물을 지은 후엔 그 요소들을 제거해도 건물은 굳건할 것이다.

게티즈버그 연설문이나 왓슨과 크릭의 논문에 그 단어들이 보이지 않는 이유다. 하지만 그것들을 삽입했을 때 흐름에 무리가 없다는 것은 작가의 서사적 직관이 좋다는 것을 의미한다.

사실 ABT를 테스트용으로 사용할 수도 있다. 특징이 약한 가설에 적용해서 좋은 서사 구조를 가졌는지 아닌지 알아볼 수 있다. 이것이 우리가 궁극적으로 가고자 하는 방향이다. 거기에 추가해야 할 사항이 한 가지 더 있다.

DHY:
혼란이 지루함을 만나다

이 제목은 내가 가장 좋아하는 영화평에 경의를 표하기 위함이다. 〈신의 영웅들Gods and Generals〉이라는 내란에 관한 영화인데, 어느 냉혹한 평가자가 영화평을 남기면서 '싫증이 지루함을 만나다'라는 제목을 붙인 것을 따왔다.

커뮤니케이션을 망치는 확실한 두 가지 방법이 있다. 첫 번째가 지루함이고 두 번째가 혼란이다. AAA는 지루함을 유발한다. 지금부터 무엇이 혼란으로 이끄는지 논의해보자.

우리는 이제 너무 많은 '그리고'가 반서사적인 AAA 구조를 만든다는 사실을 잘 안다. 그리고 ABT 구조가 훌륭한 서사를 만들어낼 수 있다는 것을 배웠다. 거기에 세 번째 요소를 더해보도록 하자. 나는 그 요소를 '과잉 서사'(원래는 '과도한 서사hypernarrative'라고 설명하고 싶었는데, 같은 의미인지는 모르겠지만 게임 분야에서 이 단어를 널리 사용하기에 일부러 피했다)로 설명하도록 하겠다.

과잉 서사는 너무 많은 서사의 방향들이 한꺼번에, 혹은 차례로 펼쳐지는 것을 의미한다. 그러면 따라가기가 혼란스러운 이야기가 된다. 이런 이야기를 살면서 적어도 한 번쯤은 들어봤을 것이다.

부정적 단어를 너무 많이 사용하면 그렇게 된다. '하지만'과 같은 하나의 부정적 단어는 하나의 긴장을 조성하고 영향력 있고 명확한 하나의 서사를 만든다. 주변을 돌아보면 어떤 화자는 수많은 서사적 방향을 한꺼번에 쏟아내서 청중을 갈팡질팡 끌고 간다.

이런 방식을 나는 '그런데도(Despite), 할지라도(However), 그렇지만(Yet)'의 머리글자인 DHY로 명명했다(10장에서 세 개의 연속된 문장이 이 세 단어로 시작하는 논문초록을 보여줄 것이다). DHY의 결과는 짐작 가능할 것이다. '그런데도'는 당신을 특정 방향으로 인도한다. 그런데 '할지라도'가 다른 방향으로, '그렇지만'이 또 다른 방향으로 끌고 간다. 결국은 총체적 난국의 서사가 되는 것이다.

이것은 어떤 이에게는 ABT보다 더 흥미롭고 도전적이며 때론 보람 느껴지는 커뮤니케이션 방법이 되기도 한다. 이렇게 사고하는 사람들끼리 모아놓으면 아마도 기가 막히게 의미심장한 시간을 보낼 것이다.

이런 형식의 서사는 학자들한테서 자주 들을 수 있다. 그들은 복잡한 서사를 좋아하며 이중 부정문을 자주 사용한다. 예를 들면 그들은 "거기 적지 않은 숫자의 사람들이 있었는데, 솔직히 얘기하면 그들은 안 중요하지 않은 일을 하고 있었어." 같은 방식으로 말한다. 어떤 사람들은 그런 말투를 즐길 수도 있겠지만 일반적으로는 이렇게 말하기 마련이다. "거기 상당한 숫자의 사람들이 있었는데 모두 중요한 일을 하고 있었어."

앤 그린Anne Greene은 그녀의 저서 《쉬운 영어로 과학논문 쓰는 법Writing Science in Plain English》에서 '보편적 언어'의 필요성을 과학계에 고했다. 그녀는 "과학 논문의 양은 넘쳐나는데 질은 개선되지 않는다."고 말한다. 그녀도 나처럼 간결함을 추구한다.

서사가 여러 방향으로 뻗어 나갈 수 있는 DHY 구조는 영화학교 시절 연출을 가르친 에드워드 드미트릭Edward Dmytryk을 떠올리게 한다. 1940년대 누아르 장르의 창시자 중 한 명이다. 그는 〈십자포화Crossfire〉, 〈안녕, 내사랑

Murder My Sweet〉, 〈코너드Cornered〉 등 자신이 연출한 영화들을 보여주며 플롯이 매우 복잡하다고 경고했다. 절대 과장이 아니었다. 나는 그 영화들을 보며 10분도 채 버티지 못하고 길을 잃었다. 그리고 생각했다. '뭐? 그녀가 그 남자를 죽인 건가? 그녀는 그의 아내였는데. 아니야, 그건 그녀의 여동생이지. 그런데 여동생은 이미 죽지 않았어? 도대체 뭐가 뭔지 모르겠다…….'

드미트릭은 그것을 《뉴욕타임스》에 실리는 십자말풀이 퍼즐과 비교했다. 바둑판처럼 생긴 네모 칸 속에 글자를 채워 넣어 세로와 가로로 말이 연결되게 하는, 난도가 엄청난 그 퍼즐 말이다.

다시 과학자들에게 질문한다. 당신은 누구에게 얘기하는 거죠? 당신과 전공이 같고 비슷한 지식수준을 가진 사람 7명 정도를 대상으로 한다면 서사가 5가지 방향으로 동시에 흘러가도 문제없으니 얼마든지 DHY 구조를 활용하기 바란다. 하지만 일반적인 과학자나 대중이 대상이라면 왓슨과 크릭의 글을 참조해야만 할 것이다. 그 글이야말로 간결함이 최고의 세련됨이라는 다빈치의 발언을 입증한다.

서사 스펙트럼

지금까지 세 가지의 서사 구조를 설명했다. 서사가 없는 AAA, 서사가 적당한 ABT, 그리고 서사가 너무 많은 DHY다. 서사를 지루하거나 흥미롭거나 혼란스러움으로 구분했던 서론의 그림 2로 돌아가 보자. 나는 이것을 '서사 스펙트럼'이라고 부른다.

이것 또한 강력한 도구가 될 것이라 믿어 의심치 않는다. 글이나 발표문의 어느 부분이든 서사 스펙트럼에 적용해볼 수 있다. 만일 작가나 강연자가 관객을 확보하지 못한다면 관객을 지루하거나 혼란스럽게 만들고 있는 게 분명하다. 아니면 둘 다거나.

서사 스펙트럼은 실패한 커뮤니케이션을 분석하거나 수정 방향을 계획하는 데 도움이 된다. "몰라요. 내 얘기에 관심이 없는 것 같아요."라는 반응보다는 훨씬 더 분석적이다. 분석은 바람직하다. 당신이 과학자라면 더욱 그렇다. 10장에서 서사 스펙트럼의 활용도를 더 자세히 설명할 것이다.

이건 구세대를 위한 거 아니야?

당신의 의심을 잠식시킬 또 하나의 결정타다. 당신은 내가 든 예시들을 듣고 왓슨과 크릭은 1953년에, 링컨은 한 세기 전에 쓴 글인데 그동안 세상도 급변했을 뿐만 아니라 과학계도 ABT 양식에만 갇히는 것보다는 더 폭넓은 서사 구조를 필요로 할 거라고 생각할지 모른다.

아니다.

서론에서 2013년에 노벨상을 받은 랜디 셰크먼이 저명한 학술지에 논문

투고를 거부했다고 언급했다. 그럼 그를 한번 서사 스펙트럼의 실험대상으로 삼아보자. 과연 그의 논문엔 바람직한 서사 구조가 있을까?

그 결과는 어떨까? 나는 그의 가장 최근 논문 6개의 초록을 분석했다. 그 중 4개는 확실한 ABT 구조가 있었고 나머지 2개도 근접했다. 물론 설명하기조차 어려운 전문용어를 사용하고 있었지만, ABT 구조임은 분명했다.

그중 하나만 소개하기로 하자. 만일 ABT 구조가 아니라면 반문해주기 바란다. 논문의 제목은 '조절된 올리고머화로 인해 막 단백질 함량이 시토졸성 꼬리와 독립되게 COPII 베시클에 흡수됨Regulated Oligomerization Induces Uptake of a Membrane Protein into COPII Vesicles Independent of Its Cytosolic Tail'이다. 나도 이게 무슨 얘긴지 하나도 모르겠지만, 어찌 됐건 전체초록은 다음과 같다.

> 소포체로부터의 단백질 막 전위 현상은 코팅된 액포인 외막 단백질 복합체 II(COPII)에 지시된 통합으로 추진된다. 일부 수송 단백질을 COPII 액포에 분류하는 것은 단백질을 형성하는 막 전위와 COPII 코팅 사이의 특정한 상호작용 때문에 매개되는 것으로 나타났다. 막 단백질의 세포질 영역에서 소포체 출구에 대한 일부 신호가 확인되었다. 하지만 소포체 반출의 일반적인 신호와 분류 메커니즘은 여전히 잘 이해하지 못하고 있다. 반출 과정에서 수송 단백질 올리고머 형성의 역할을 조사하기 위해 우리는 작은 분자 디머라이저(2분자체)의 추가로 독립된 막에서 올리고머화 가능한—FK506 바인딩 단백질 영역에 의존—막 전위 융합단백질을 만들었다. 융합단백질의 COPII 액포 속의 패키징은 디머라이저 앞에서 강하게 향상되어 올리고머화 상태가 막 단백질에 대한 액포의 반출 신호임을 입증했다. 놀랍게도 시토졸성 꼬리

는 단백질 분류의 독립된 효과로 올리고머화에 필요하지 않았다. 따라서, 막 굽음과 같은 대체 메커니즘은 융합단백질의 액포 반출에 고려되어야 한다.

환상적인 ABT 적용사례다. 셰크먼과 공동연구자들이 두 개의 명확한 성명문을 설정한 이후에 어떤 단어를 사용하는지 보시기 바란다. 바로 '하지만'이다. 그들은 그 단어로 '여전히 잘 이해하지 못하고 있다'는 문제점을 지적한다. '반출 과정에서 수송 단백질 올리고머 형성의 역할을 조사하기 위해'라는 문장 앞에는 '그러므로'를 삽입할 수 있다. ABT 구조를 설명하기 위해 나의 해설을 붙인 초록을 다시 보자.

성명문 소포체로부터의 단백질 막 전위 현상은 코팅된 액포인 외막 단백질 복합체II(COPII)에 지시된 통합으로 추진된다. 일부 수송 단백질을 COPII 액포에 분류하는 것은 단백질을 형성하는 막 전위와 COPII 코팅 사이의 특정한 상호작용 때문에 매개되는 것으로 나타났다. 막 단백질의 세포질 영역에서 소포체 출구에 대한 일부 신호가 확인되었다.

부정 하지만, 소포체 반출의 일반적인 신호와 분류 메커니즘은 여전히 잘 이해하지 못하고 있다.

결론 반출 과정에서 수송 단백질 올리고머 형성의 역할을 조사하기 위해 …….

이견 거리가 없다. 그의 다른 초록들도 명확한 ABT로 작성되었다. 그들이 무슨 상을 받았다고? 노벨상이다. 훌륭한 사례를 제공해주신 랜디 셰크먼에게 감사의 마음을 전한다. 이 양식은 설사 중국어로 작성됐더라도 인식할 수 있을 만큼 명확한 것이다.

간결함을 추구해 보라고 호소하는 것뿐이다

내가 제시하는 ABT 구조는 과학계가 이미 한 세기 전에 서사를 인식하며 사용하기 시작한 IMRAD 양식을 더 세세하게 정리한 것뿐이다. 만일 ABT 양식을 거부하고 싶은 마음이 생긴다면 IMRAD도 거부할 수 있는지 심사숙고해보기 바란다. 과학계는 한 세기 동안 모든 연구자에게 IMRAD 양식을 가차 없이 적용하도록 만들어서 지나친 창의성을 억눌러 왔다. 이 글을 읽는 대부분의 과학자는 그 양식이 없었다면 어쩔 뻔 했겠냐고 생각할 것이다.

나도 마찬가지다. 과학 논문의 목적은 상상력이 난무하는 과도한 창의력을 발휘하기 위함이 아니다. 중요하고 흥미로운 정보를 최대한 효과적으로, 하지만 오해의 소지는 최소화해서 대중에게 전달하는 게 과학 논문의 목적이다. 내가 ABT 양식을 통해서 하고 싶은 말은 IMRAD를 더 강화하고 보강해서 지루함과 혼란을 최소화하자는 것이다. 초록으로 시작할 수 있지만, 궁극적으로는 논문 전체에 적용해야 한다.

수정하기:
간결 vs 흥미

ABT 양식이 당신의 이야기나 연구 논문의 작성에 얼마나 유용한 도구인지 깨달았길 간절히 희망한다. 그렇게 마음먹었다면 당신의 논문은 왓슨과 크릭에 버금가는 명확함과 깊이를 가지게 될 것이다. 그럼 이제부터 당신이 그런 간결하고도 흥미로운 ABT를 작성할 수 있도록 안내하겠다.

간결과 흥미가 어떻게 반대성향으로 작용할 수 있을지 생각해보기 바란다. 간결함을 추구하면 내용의 많은 것을 삭제하게 될 것이다. 지금같이 정보가 범람하는 시절엔 간결함이 더욱 필수적이다. 하지만 과도하면 너무 '단순'해지는 문제에 봉착하게 된다. 그건 당신이 원하는 게 아니다(내 말을 주목하지 않은 사람들이 내게 이 문제에 대한 책임을 자주 묻는다).

그러니까 중요한 정보는 남겨두고 그렇지 않은 요소들만 걷어내야 한다. 지금 내가 소개하는 것은 직관적이 아닌 분석적인 접근방식이다. 몇몇 작가들이 나에게 엘리베이터 피치를 작성하라고 종용했고 나는 짧고 강한데 핵심은 살아있는 피치를 만들기 위한 그들의 제안이 모호하고 직관적이었다고 말한 것을 기억한다. 분석적인 건 하나도 없다. 현실적인 메커니즘도 없다. 하지만 ABT는 있다. 특히 지금 내가 설명할 과정에 말이다.

최상의 ABT

우리는 세 가지의 ABT를 만들어 볼 것이다. 간결함과 홍미로움의 두 요소에 변화를 주는 방식으로 하나는 크고, 하나는 작고, 마지막 하나는 아주 적당하게 말이다.

이 훈련은 당신이 하고자 하는 이야기에서 전달하고자 하는 메시지를 파악하는 데 도움을 줄 것이다. 거대한 이야기를 하려다가 모든 게 뒤죽박죽이 되어버린 사람들의 이야기는 나의 워크숍에서 항상 대두되는 문제다. 나는 그들에게 묻는다. "당신이 하고 싶은 이야기는 뭐죠? 우리가 뭘 알았으면 하는 거죠?"

1. 정보 ABT

과장된 감이 있지만 나는 다음 세 가지 버전의 ABT 앞에 소문자를 붙일까 한다. 생명의 기원에 핵심적 요소인 mRNA, tRNA, 그리고 mtDNA 등을 흉내낸다는 생각이 들기도 하지만 뭐 어쩌랴. ABT도 이야기의 DNA인데.

우리의 시작점은 정보 ABT(iABT, information ABT)다. 앞으로 소개할 버전의 첫 번째로 간결함에 대해서는 전혀 신경 쓰지 않는다. 관건은 흥미로운 정보를 담는 것이다.

이것은 연설하기 꺼려질법한 길고 투박한 문장을 생성해낸다. 시작점으로서 잠재적 흥밋거리가 있는 모든 정보를 포함하지만 ABT 단어를 사용해서 서사 구조를 구축하는 것이다.

일례로 노스텍사스대학교의 대학원생으로서 2014년도에 미국 생리학회 American Physiological Society에서 진행했던 나의 워크숍에 참여한 케이틀린 포크의 iABT가 있다.

iABT　우리는 연구실에서 지속적인 이뇨 혈압의 생리적 메커니즘을 조사하기 위해 만성 간헐적 저산소혈증 프로토콜을 가진 쥐의 적당한 수면 무호흡 모형을 만든다. **하지만** 혈압 조절에 이바지하는 중추신경 시스템 내의 분자 경로의 중요성을 깨달았다. **그러므로** 우리는 수면 무호흡 모형에서 형성된 신규 분자의 경로를 탐색하기 시작했다.

정보가 참 많다. 칵테일파티에서 누군가가 뭐 하시는 분이냐고 물었을 때 이걸 다 말하다가 숨넘어가고 싶지는 않을 것이다. 하지만 걱정은 접어두길 바란다. 이제 시작일 뿐이니까.

2. 회화적 ABT

이제 완전 반대급부인 간결의 끝판 ABT로 가보자. 회화적 ABT(cABT, conversational ABT)는 두 가지 이유로 흥미롭다. 첫 번째는 논쟁의 핵심을 드러내기 때문이고 두 번째는 '서사적 공감대'를 제공하기 때문이다.

cABT 작성의 첫 번째 과제는 모든 흥미로운 정보나 내용을 담은 문장을 최대한 보편적으로 추출하는 것이다. 어처구니없다고 할 수도 있다. 하지만 일단 믿어보기 바란다. 복잡한 iABT를 정제하기 위함이니까.

내가 도움을 준 케이틀린의 결과물은 다음과 같다. 내가 도움을 줬다는 것을 명시한 이유는 으스대려는 게 아니라 만일 결과물이 별로라면 나를 탓하라는 뜻이다.

cABT 우리는 이 길을 보고 있었다. **하지만** 다른 길도 있다는 걸 자각했다. **그러므로** 우리는 이제 그 길로 간다.

맞다. 바보 같다고 할 수 있지만, 이것은 우리가 원하는 게 맞다. 최대한 보편적으로 쓰였고 아직 내용이 없을 뿐이다.

이것으로부터 얻을 수 있는 건 당신이 하고자 하는 이야기의 핵심이다. 이야기의 뼈대 그 자체다. 누가 당신에게 "정확히 무슨 이야기를 하고 싶은 거죠?"라고 묻는다면 이렇게 대답하면 된다. 이 질문에 대한 대답은 항상 준비되어 있어야 하는데 나의 워크숍 참가자들은 그러지 못할 때가 자주 있었다. 케이틀린은 다음과 같이 대답할 수 있다. "우리는 한 방법으로 연구하고 있었습니다. 하지만 더 좋은 방법을 발견해서 지금은 그 방법으로 연구하고 있습니다." 이것이 그녀가 하고 싶은 이야기의 핵심이다.

잠시 최상의 ABT 접근방식을 접어두고 이것이 왜 강력한지부터 논의해 보도록 하자.

캐릭터 연관성 vs 서사 연관성

커넥션 스토리메이커 워크숍의 즉흥연기 강사인 브라이언 팔레르모가 가장 강조하는 것은 '연관성'이다. 우리의 저서 《커넥션》에서 각각의 저자는 전달하려는 메시지를 한 문장으로 서술했다. 브라이언의 문장은 이것이다. "연관성 있는 이야기를 만들어라."

이것도 원활한 커뮤니케이션을 위한 것이며 시간과 노력이 필요하긴 하지만 매우 중요한 것이다. 브라이언의 말은 만일 당신이 자기 삶에 대한 것들을 늘어놓기만 한다면 듣는 사람들은 흥미를 못 느낄 수도 있다는 뜻이다. 사람들이 당신의 이야기에 "그게 나랑 무슨 상관이지?"라고 생각할 수 있다는 것이다.

브라이언은 관객이 연관 지을 수 있는 이야기를 만들라고 제안하는 것이다. 만일 프로골퍼들을 대상으로 우주 비행의 물리학을 설명한다면 골프의 물리학과 연관 지을 수 없을지 고민해보라는 것이다. 골퍼들이 인식할 수 있는 내용이면 당신의 이야기와 연관 짓기가 더 수월할 것이다.

우리는 그것을 '캐릭터 연관성'이라고 한다. 대상인 캐릭터와 연관성 있는 요소들을 활용하는 것은 매우 강력하고 또 중요하다. ABT 작성과정에서 이것을 서사 연관성과 연결하는 것도 가능하다. 우리 워크숍의 새로운 특징이다. 지금까지 이런 방법을 제시한 작법서는 본 적이 없다. 나는 이 방법이 강력한 잠재력을 가지고 있다고 믿는다.

당신의 분야와 전혀 관련없는 사람들에게 연설한다고 가정해보자. 연관 지을 수 있는 서사 구조를 가지고 있다면 잠시라도 그들과 교감할 수 있을 것이다. 당신이 이렇게 얘기했다고 치자. "최근에 우리 연구실에서 벌어진 일을 얘기해 드릴게요. 기존에 진행하던 연구 방식이 있었지만 최근 들어 더 좋은 방법을 발견했고, 지금은 그 방법으로 연구를 진행하고 있습니다."

만일 청중에 부동산 중개업자가 있었다면 당신의 말을 듣고 이렇게 생각할 수 있다. '와, 나랑 비슷하네? 나도 수년간 사용해오던 거래정보망이 있었는데 최근에 새로운 정보망을 발견해서 지금은 그걸 사용하고 있는데.' 그 사람은 당신과 공통점이 있다고 생각할 것이다. 연관 지을 수 있는 무언가를 제공함으로써 그 사람과의 커뮤니케이션 채널을 연 것이다.

더 나아가 "모든 게 보조연구원의 제안에서 시작한 겁니다."라고 말한다면 부동산 중개업자는 또 이렇게 생각할지도 모른다. '와! 나도 그렇게 시작한 건데. 새 직원을 고용했더니 그가 새로운 정보망을 알려줬다고.' 만일 그렇다면 그 사람은 나중에 당신을 찾아와 공감을 표시할 것이며 평생 친구가 될지도 모른다.

하지만 "우리 연구실에서 진행되는 만성 간헐적 저산소혈증 프로토콜에 대해 말씀 드릴게요……."와 같은 문장으로 말하기 시작한다면 그 중개업자를 포함한 모든 비과학자와의 대화는 바로 단절될 것이다. 커뮤니케이션은 그걸로 끝이다.

공감대 형성이 가장 우선이라는 점을 명심하기 바란다. 호주의 한 여성이 저녁식사 자리에서 큰 광산회사의 대표 맞은편에 앉게 된 김에 지구온난화에 관한 얘기를 꺼냈더니 대표가 바로 입을 닫아 버렸다고 한다. 그녀는 나에게 그 상황에서 어떻게 하면 좋았을지를 물었다.

나는 그녀에게 캐릭터 연관성을 활용했으면 좋았을 거라고 조언했다. 사전에 그에 대한 검색이라도 해봤더라면. 만일 그가 테니스광이라면 테니스선

수 애기로 말문을 열 수 있었을 거다. 커뮤니케이션 채널을 열기 위해 그런 게 필요했던 거다. 그와 연관성 있는 무언가로 대화를 시작했어야 했는데, 대뜸 환경문제를 꺼냈으니 소통하기 힘들었을 거다. 그럴 땐 얼른 화제를 바꿔서 "호주 오픈 테니스 경기는 보셨나요?"라고 물어보는 건 어떨까?

3. 완성된 ABT

완성된 ABT는 kABT(keeper ABT)라고 한다. 총 길이는 대략 다른 두 ABT 버전의 중간쯤이다. 간결함과 흥미로움은 유지하면서 뼈대에 조금씩 살을 붙이는 작업이다. cABT로 발표하기엔 무리지만 그렇다고 너무 크고 장황한 iABT로 돌아가서는 안 된다.

케이틀린에게 추천한 kABT는 다음과 같다.

kABT 우리는 연구실에서 쥐의 수면 무호흡 모형을 만든다. **그리고** 우리는 생리학적 메커니즘에 주력했다. **하지만** 최근에 중추 신경 시스템 내의 분자 경로가 조절의 주체일 수 있다는 사실을 깨달았다. **그 결과** 우리는 신규 분자의 경로를 탐색하기 시작했다.

이 버전은 지루하지 않을 정도로 짧으면서 흥미로운 정보들이 포함된 이야기다. 엘리베이터에 함께 탄 VIP가 "어떤 연구를 하시나요?"라고 묻는다면 케이틀린은 이렇게 대답할 것이다. "관심 가져 주셔서 감사합니다. 저는 수면 무호흡에 관해 연구하고 있습니다. 생소하겠지만 우리는 쥐를 모형 시스템으로 활용합니다. 한동안 생리학적 메커니즘이 조절의 주체인 줄 알았는데 최근에 중추 신경 시스템 내의 분자 경로일 수도 있다는 사실을 깨달았습니다. 그래서 지금은 방향을 바꿔 분자 경로를 탐구하고 있습니다. 그게 제 이야기입니다. 생리학에서 분자 경로로 전환한 거죠."

간단하고 명확하며 전체적인 개요를 설명하는 방식이다. 지루하거나 혼란스럽지도 않다. 심지어 많은 사람의 흥미를 유발할지도 모른다. 이것이 서사의 힘이다.

사람들이 가끔 묻는다. "ABT에 단어가 몇 개여야 적당하죠?" 나의 대답은 간단하다. 바로 직관에 따르는 것이다. 정해진 길이는 없다. 모든 이야기의 길이는 다 다르다. 때에 따라선 한 개 이상의 ABT가 필요할 수도 있고 청중이 누구냐에 따라 각기 다른 ABT로 작성해야 할 수도 있다. 일반 대중에겐 전문 용어의 사용을 줄여야 하겠지만 같은 분야의 전문가들에겐 더 많은 기술적 용어를 사용해야 할 것이다.

분량에 있어선 내가 언급했던 서사적 직관이 요구되므로, 우리의 목표는 그것을 갖는 것이다. 단어가 몇 개면 좋을지 가늠할 수 있는 경지에 오르는 것 말이다. 수치에 맞춰서 작업하면 안 된다. 어차피 정해진 수치도 없기에.

9

방법: 문단, 영웅의 여정

이제 세 번째 도구인 문단 양식을 소개할 차례다. 이 도구는 크고 재밌으며 스토리텔링의 핵심이다. 그 개념을 완전히 이해하고 원활하게 사용하기 위해서는 많은 시간이 소요된다. 내가 문장 ABT에 많은 시간을 할애한 이유다. 그리고 지금부터는 문단 ABT가 당신을 어디로 인도할 수 있는지 알려주고자 한다.

문단 양식은 조지프 캠벨의 《영웅의 여정The Hero's Journey》에 펼쳐진 논리에 근거를 두고 있다. 조지 루커스가 〈스타워즈〉를 창작할 때 사용한 재료다. 친구들에게 자랑하기 딱 좋다. "야! 나도 할리우드 커뮤니케이션법에 입성한다고." 하지만 초보자는 길을 잃어버릴 수도 있으니 주의해야 한다. 잘못 이해하고 사용하면 쉽게 좌절할 수 있다. 워크숍에서 이와 같은 상황을 여러 번 목격했다.

조지프 캠벨의 이야기 원형모델을 소개한 바 있다. 《영웅의 여정》은 그보다 더 상세한 버전이다. 이 출발점에서 내가 할 수 있는 최선은 몇 가지 대단한 자료를 소개하는 것이다.

캠벨우드 만세!

크리스토퍼 보글러의 《신화, 영웅 그리고 시나리오 쓰기》는 조지프 캠벨의 스토리텔링 개념을 따온 대표적인 자료다. 내가 로버트 맥키의 《Story: 시나리오 어떻게 쓸 것인가》를 얼마나 폭넓게 인용하는지 봤을 것이다. 그것의 실질적인 적용사례는 경영학계에서 발견된다. 2007년도에 조나 삭스Jona Sachs가 집필한 《이야기 전쟁》이 있다. 매튜 윙클러Matthew Winkler의 〈무엇이 영웅을 만드는가?What Makes a Hero?〉도 짧고 간결하며 대단한 TED이니 영상을 시청해보기 바란다. 처음 2분은 특히 좋은 내용으로, 캠벨의 《영웅의 여정》에 나온 원형모델이 어떻게 작동하는지에 대한 직관적 느낌을 잘 전달해준다.

이야기 구조에 대한 할리우드의 인식과 존중의 시발점은 조지 루커스가 〈스타워즈〉의 제작에 조지프 캠벨의 가르침을 적용하고 나서부터다. 그 이후로 모든 게 달라졌다. 캠벨의 가르침을 전파하는 많은 추종자와 숭배자들이 생겨난 것이다. 그런 현상은 한동안 좋았으나 지금은 우려할만한 상황들이 발생했다.

캠벨이 예견한 것 중의 하나가 블레이크 스나이더가 집필한 《홍행하는 영화시나리오의 8가지 법칙》이다. 그 내용은 이야기 조립을 위한 설명서와도 같다. 그 책은 엄청나게 유명해졌지만 영화제작이 과도하게 공식화된다는 반발을 불러일으켰다.

이 문제와 관련된 최고의 글은 피터 수더만Peter Suderman이 2013년 7월에 《슬레이트Slate》에 기고한 '영화를 부탁해! 2005년에 할리우드를 강타하고 모든 영화를 흡사하게 만든 책Save the Movie! The 2005 Book That's Taken over Hollywood and Made Every Movie Feel the Same'이라는 제목의 글이다. 수더만이 언급한 그 책은 의심할 여지없이 《홍행하는 영화시나리오의 8가지 법칙》이다. 이 글은 읽어볼 가치가 충분하다. 그는 흡사하다고 느껴지는 최근 영화들의 기본적인 문제점을 지적하며 이렇게 말했다. "여름방학용 블록버스터는 흔히 공식적이라고 말한다. 하지만 그 공식이 실제로 존재한다는 사실은 모르는 사람이 많다. 그 공식은 시나리오의 페이지마다 '언제 무슨 일이 일어나야 한다'로 표기되어 있다. 마치 어떤 광적인 과학자가 완벽하고도 관습적인 여름방학용 블록버스터를 만들어내는 비밀 공정을 발견한 것과도 같다."

모든 영화가 흡사한 것 같다는 수더만의 우려와 불평은 그냥 지나칠 일이 아니다. 그의 글이 훌륭한 이유는 자신의 글 역시 《영웅의 여정》 양식을 사용했다는 점이다. 그는 글 마지막에 이 사실을 고백하면서 독자들에게 몇몇 부분을 다시 보라고 권유한다. 글 중간을 넘어서서 그가 "공식을 파악하면 틈

이 보이기 시작한다. 영화들은 모두 닮아가기 시작했고 장면들은 억지스럽고 제멋대로에다 터무니없다."고 말할 때 이야기는 '암흑의 시간'을 지난다. 그는 《영웅의 여정》 양식을 이렇게 마무리한다.

> 이 공식은 내 생각을 정리하고 다음에 무슨 얘기를 해야 할지에 대한 계획을 세우는 데 도움을 줬다. 하지만 나의 의지보다는 공식에 맞춰 자르고 삭제하고 글을 쓰고 있는 나 자신을 발견했다. 즉 글쓰기는 수월하게 할 수 있었지만, 나의 창의력은 둔화했다.

이 말에 몇 가지만 덧붙이기로 하자.

할리우드는 비창의적 시궁창이다

난 실제로 봤다. 영화학교 첫날부터, 게으른 작가들이 똑같은 요소들을 베끼고 또 베끼는 것을.

난 영화학교에서 과학자로서 경험한 20년에 관한 영화를 만들고 싶었다. 하지만 대부분의 동기들은 〈인디애나 존스〉나 〈다이하드〉처럼 자기들이 좋아하는 영화의 요소들을 답습했다.

작법 수업에서 살아있는 캐릭터를 구축하기보다는 영화나 TV에서 본 캐릭터들로 시나리오를 작성하는 학생들을 많이 봤다. 이를테면 〈케이블 가이Cable Guy〉의 짐 캐리Jim Carry같은, 인생관이나 성향이 성장기에 봤던 시트콤 캐릭터들에 기반을 둔 사람처럼 말이다. 새로움을 추구하려는 시도나 표절에 대한 윤리는 이전에도 없었고 지금도 없다. 창작의 몰락을 아무도 신경 쓰지 않는다.

작품을 다듬는 방식이 모두 흡사한 것은 사소한 문제다. 진짜 문제는 끝없는 재사용이다. 한 작가 친구는 그것을 '내뱉은 숨을 다시 들이마시는 것'으로 표현하기도 했다.

문제는 내용이지 양식이 아니다

어느 길가에 늘어선 집들이 모두 같은 벽돌에 동일한 양식으로 지어졌다면 그 양식은 확연히 티가 날 것이다. 하지만 같은 양식이라도 모두 다른 벽돌로 지어졌다면 그 양식은 적어도 단시간 안에는 잘 드러나지 않을 것이다. 그런데 만일 거기에 세심한 창작적 선택이 더해진다면? 그야말로 금상첨화일 것이다.

재차 말하지만 이게 바로 할리우드의 문제다. 지루함을 초래하는 것은 내용이지 양식이 아니다. 작가 친구가 몇 년 전에 보내준 게시물로 할리우드 스튜디오가 운운하는 '독창성'이 의미하는 것이 무엇인지 알아보도록 하겠다.

작가 친구가 프로듀서들에게 작품을 설명하는데 그들은 계속 독창적인 것을 원한다고 했다. 친구는 자신의 작품이 충분히 독창적이라고 생각했는데 말이다. 그들은 친구의 작품을 달가워하지 않았다. 그러다가 그중 한 프로듀서가 그들이 말하는 독창성이란 '이미 널리 알려진 만화지만 아직 영화화되지 않은' 캐릭터를 말한다고 얘기해주었다고 한다.

그들의 세계에서 독창적인 것이란 작가가 좁은 작업실에서 오랜 시간 고민하며 하나하나 창조해낸 캐릭터가 아니다. 아무도 들어보지 못한 캐릭터는 그들에겐 너무 이상한 것이다. 그리고 그들은 이상한 것으로 영화를 제작하지 않는다. 이것이 많은 할리우드 프로듀서의 현주소다. 익숙함이 그들의 절대가치다. 다른 것은 그들에겐 이상한 것이다.

그런데도 사람들이 모든 영화가 비슷하다고 말하면 그들은 충격을 받는다. 다시 얘기하지만 그런 느낌을 만들어내는 건 양식이 아니다. 내용의 다양성이 제한적이기 때문이다.

문단 양식의 두 가지 변형

로그 라인 만들기

할리우드 영화들은 전체 이야기가 한 문장으로 설명될 수 있는 '로그 라인Logline'으로 정제된다. 우리 책 《커넥션》의 공동작가, 도리 바톤은 '로그 라인 만들기'라고 부르는 양식을 개발했다. 그것은 블레이크 스나이더의 《홍행하는 영화시나리오의 8가지 법칙》 요소에 기반을 두고 있다(궁극적으론 조지프 캠벨의 《영웅의 여정》 모델에서 따온 것이나 마찬가지다).

1. 평범한 세상에서
2. 결점 있는 프로타고니스트
3. 그/그녀의 세계에 충격을 안겨줄 사건
4. 한숨 돌린 후
5. 프로타고니스트가 행동을 취한다
6. 하지만 갈등은 고조된다
7. 프로타고니스트는 교훈을 얻어야 한다
8. 안타고니스트를 저지하려면
9. 목적을 달성하려면

로그 라인 만들기는 또 다른 빈칸 채우기 양식이다. 우리는 이것을 토대로 커넥션 스토리메이커 앱을 만들었다. 파티에서 이것을 사용하면 모두 소리를 지르며 재밌게 논다. "평범한 세계는 뭐지?" "정육점!" "구두수선점!" "네일샵!" "결점 있는 프로타고니스트는?" "도벽이 있는 보석상!" "부패한 경찰!" "알코올중독 신부님!"

사람들은 9가지 요소가 다 채워질 때까지 이렇게 한도 끝도 없이 쏟아낸다. 결과는 모두 잘 알다시피, '쓰레기를 넣으면 쓰레기가 나온다.' 모두가 자기 의견을 외쳐댈 수 있지만 흥미로운 점은 완성되는 문장이 결국 말이 하나도 안 되는 난센스라는 점이다.

이 훈련을 하다 보면 로그 라인이 쓸모없고 우스꽝스러운 것이라 믿기 시작한다. 하지만 진중하게 접근하면 돌아오는 결과물은 절대 우스꽝스러운 것이 아니다. 그러기까지는 시간이 필요한데, 궁극적으로는 상당히 유용한 방식이다.

이야기 사이클

도리 바톤의 로그 라인 표시를 대체할 수 있는 또 다른《영웅의 여정》양식인 이야기 사이클에 대해선 길게 언급하지 않을 예정이다. 이야기 사이클에 대한 여러 서적이 출간되어 있고 앞으로도 출간될 것이지만, 로그 라인 만들기와의 비교를 위해 매튜 윙클러의 TED 교육 영상에 소개된 이야기 사이클의 12가지 요소를 공개한다.

1. 모험으로의 초대
2. 도움
3. 출발
4. 도전
5. 접근
6. 갈등
7. 보물
8. 결과
9. 회귀
10. 새로운 삶
11. 해결
12. 현재 상황(더 발전된)

《영웅의 여정》 양식의 강점

WSP의 세 가지 요소에 대한 시간 대비 보상요소를 설명한 그림 11을 기억하는가? 단어와 문장 양식은 바로 사용할 수 있지만 문단 양식은 서사적 직관을 기르기까지는 먼 길을 가야 한다. 연구계획을 작성하기 위해 이것을 바로 사용하고자 하는 욕구가 일겠지만, 상당히 조심해야 한다. 서두르다간 엉망진창이 될 수 있기 때문이다.

얼마나 쉽게 망칠 수 있는지 설명해보자. 로그 라인 만들기를 사용하여 당신의 연구실을 프로타고니스트로 가정해보자. "그럼 결점이 뭐지? 좋아. 일정을 잘 못 맞추는 거라고 해보자. 이제 충격을 안겨줄 사건은 뭐지?" 이런 식으로 빈칸을 채워갈 수 있다. 하지만 이 양식에 대한 충분한 경험이 있기 전에는 채우기 힘든 빈칸이 생긴다. 결국 이렇게 얘기하게 될 거다. "잠깐만. 그럼 우리의 안타고니스트는 누구지? 연구재단? 일반 대중? 아니면 항상 빠듯한 연구 일정?"

이런 혼란이 바로 수더만이 "나의 의지보다는 공식에 맞춰 글을 쓰고 있는 나 자신을 발견했다."라고 불평한 것과 맞닿아 있다. 이런 실수를 범해서는 안 된다. 양식의 빈칸을 억지로 채우고 있다면 이미 망친 거다. 바로 여기에 '더 나은 이야기를 만들어내기 위해 과학을 왜곡시키는' 위험이 도사리고 있다. 《뉴 사이언티스트New Scientist》지는 내가 《말문 트인 과학자》에서 이를 옹호했다는 평을 실었지만, 나는 절대 그런 적이 없기에 편집자에게 반박의 글을 보냈다. 그들은 2주 후에 정정글을 실었다. 절대로 과학을 왜곡해서는 안

된다.

《영웅의 여정》 양식을 남용해서는 안 된다. 이 도구는 당장에 도움이 안 될 수도 있다. 그러니까 당신의 이야기를 이 양식 안에 억지로 틀어박으면 절대 안 된다. 《영웅의 여정》 양식의 진정한 가치를 알려면 참을성을 가져야 한다. 훈련하면 할수록 친숙해지고 친숙해질수록 많은 것을 흡수하여 더 좋고 강력한 서사를 만들어 낼 수 있는 것이다. 숙련되면 실전에서 요소들을 선별해내는 능력이 생긴다.

앞서 언급했던 두 가지 변형된 문단 양식을 이용해 《영웅의 여정》 양식에서 선별해낸 4개의 특정한 요소들을 공개한다.

1. 세 가지의 문제-해결 조합

반복해서 언급하듯이 이야기의 핵심은 문제와 해결이다. 164페이지에서 소개한 로그 라인 만들기는 세 가지의 문제-해결 상황을 제시한다.

첫 번째는 3번과 5번에서 확인할 수 있다. 3번에서 평범한 세계의 프로타고니스트가 충격을 받으면서 문제가 발생한다. 해결(일시적일지라도)은 5번에서 프로타고니스트가 행동을 취하면서 생겨난다.

두 번째 문제-해결 상황은 6번에서 새로운 문제가 발생하며 갈등이 고조될 때 생겨난다. 이 문제의 해결은 7번과 8번이 혼합된 형태이며 프로타고니스트가 그 또는 그녀의 결점을 극복하면서 생겨난다.

그것이 세 번째 문제-해결 조합, 결점 있는 프로타고니스트가 된다. 2번에서 결점 있는 프로타고니스트의 문제가 대두되는데, 7번에서 프로타고니스트는 그 결점을 극복해야만 한다.

생각해보면 이것이 왜 강력한 이야기의 청사진이 될 수 있는지 이해할 수 있게 된다. 우리가 얼마나 문제-해결 중심의 피조물인지 알고 문제-해결 역학의 삼중 적용에 대해 생각해보기 바란다.

"하나의 서사만 생각하라며?" 이렇게 반응할 수 있다. 그게 맞다. 3번을 보면 여전히 하나의 프로타고니스트가 존재하고 하나의 문제가 발생한다. 이야기 전체가 한 명의 캐릭터와 하나의 문제를 풀어나가는 과정이다. 그저 같은 문제로 인한 갈등이 고조되는 것뿐이며, 그 문제는 프로타고니스트의 결점을 소개하면서 궁극적으로 해결된다.

2. 결점 있는 프로타고니스트

이제 로그 라인 만들기의 결점 있는 프로타고니스트를 과학의 시점에서 생각해보자. 사람들은 과학이 순수하고 기계적이며, 무결점한 사람이 진실을 찾아가는 과정이라고 생각하는 경향이 있다고 언급한 바 있다. 전에 언급했던 헨리 바우어의 《과학적 소양과 과학연구의 통념》처럼 세상엔 결점이 없는 과학이나 과학자는 존재하지 않는 것을 입증하는 글이 셀 수 없이 존재하는데도 과학자들은 무결점의 로봇이거나 혹은 그래야 한다고 생각한다. 완벽한 과학자의 모습을 구체화한 〈스타트렉Star Trek〉의 스팍을 떠올려 보자. 외계인인 그는 인간들의 추론에 얼마나 결점이 많은지에 끊임없이 놀라지 않는가. 인간은 결코 스팍이 될 수 없다.

〈록키Rocky〉의 록키 발보아는 스스로 패배자라고 생각하는 자격지심을 극복해야만 했다. 인디애나 존스는 뱀에 대한 두려움을 극복해야만 했다. 관객은 그들의 고군분투를 좋아한다.

그렇지만…… 당신이 과학자라면 사람들이 당신의 연구가 무결점이라고 생각하길 간절히 바랄 것이다. 그렇지만…… 에러 바, 에러 측정, 그리고 신뢰구간 등 과학자가 결점 없는 인간이 아니라는 것을 알리는 무수한 신호가 있다.

나는 과학계가 대중을 얼마나 많이 의식하고 또 그들의 신뢰를 얻고자 하는지 잘 안다. 그것은 참으로 어려운 일이다. 나는 과학자들이 자신의 단점마저 대중에게 알려야 한다고 주장하는 게 아니다. 하지만 현실적인 시각에서 중요한 것은 커뮤니케이션 역학에 있어 결점 있는 프로타고니스트가 가지는 영향력과 그것을 체계적으로 활용하는 방법이다. 사실상 과학자들은 그것을 꽤 자주 활용한다. 알고 하는 것이든 모르고 하는 것이든 간에 말이다.

파급력 있는 결점으로 구성된 발표

나는 그런 과학발표를 많이 봤다. 과학자가 연구발표를 하면서 다음과 같은 얘기를 할 때도 있다. "우리는 너무 서두르는 실수를 저질렀다. 표본을 채취할 때면 빨리 연구실로 가져갈 생각만 했다. 하지만 어느 날 차에 기름이 바닥났고 긴급출동을 기다리는 동안 두 번째 표본을 채취했는데 거기서 대단한 것을 발견하게……."

이것이 바로 결점 있는 프로타고니스트의 이야기다. 그 결점은 당신의 윤리성이나 연구역량을 훼손하는 게 절대 아니다. 서두르고자 하는 인간의 본능을 말한 것뿐이다. 그리고 "우리가 얼마나 어리석었는지 모른다." 같은 반성을 토로하며 관객의 집중을 유발한다. 관객도 실수를 범하는 인간이기 때문이다.

페니실린의 발견은 과학역사에 있어 가장 대단한 이야기 중 하나다. 페니실린은 연구 실수로 우연히 발견한 것이었다. 1928년에 영국의 생물학자 알렉산더 플레밍은 포도상구균 박테리아의 배양용 접시 마개를 실수로 열어 놓았다가 페니실린의 청록곰팡이에 오염되었다. 그리고 그는 곰팡이 주변에 증식하는 박테리아를 발견해 그것으로부터 최초의 항균물질을 추출했다.

그와는 별개로 플레밍은 소통역량이 부족하기로 정평이 나 있었고, 결국 그 발견의 중요성을 당시 대중에게 알리는 데 실패했다. 그는 불명료한 논문을 발표했고 그 대단한 발견은 10년 이상이나 묻혀 있다가 2차 세계대전 때 군대에 의해 활성화되었다. 이 이야기는 부족한 커뮤니케이션이 불러오는 결과의 대명사가 되었다.

주목받지 못한 연구가 결점 있는 프로타고니스트가 되어 영향력 있는 스토리텔링이 탄생한 것이다. 실수를 범한 과학자가 결국 영웅적 발견을 하게 된다는 이야기다. 연구 과정의 잘못된 선택을 한순간의 깨우침으로 바로잡았다면 그것은 오히려 더 좋은 이야기가 될 수 있다. 실수에 대해 수치스러워하기보다는 그것이 당신 이야기의 황금열쇠가 되지는 않을까 생각해야 한다. 당신의 의도가 정직했다면 대중은 '과학자도 인간인데 실수도 할 수 있지, 뭐.' 같은 생각에 관용의 폭이 넓어진다.

서사적 직관의 개발

우리의 궁극적인 목표는 서사적 직관을 기르는 데 있다. 직관적으로 서사의 문제를 감지할 수 있어야 한다. 이 직관이 있으면 타인의 얘기를 듣는 와중에도 문제를 파악하는 벨이 머리에 울리며 "다시 돌아가 봐. 서두르다가 어떤 실수가 벌어졌다고? 그 부분을 더 얘기해봐." 같은 반응을 할 수 있게 해 준다.

이것이 바로 이야기 발전과정으로, 여러 요소 중에 어떤 것들이 대중에게 더 흥미로울지를 선별해내는 작업이다. 그중에 극적 요소가 더 짙은 것들이 있기 마련이다. 연구 과정이 수평적으로 나열되어 있으면 지루하다. 하지만(바로 이 단어다), '하지만 어느 날부터 우리는 방법을 달리하기 시작했다.' 같은 자각의 순간이 바로 서사가 영향력을 발휘할 수 있는 순간이다.

그 요소들은 항상 극명하지는 않다. 그래서 서사적 직관을 기를 필요가 있는 것이다. 다음으로 소개하는 사례는 서사적 직관이 없으면 극적 잠재력이 많은 요소여도 간과할 가능성이 있다.

3. 한숨 돌리기

주요 과학기관의 대변인이 특정 분야의 과학자들이 중요한 발견을 알려왔다고 나에게 연락했다. 빙하가 녹는 현상의 발견이었다. 최초의 발견이었고 큰 뉴스거리였다.

그와 관계자들은 이 발견이 기후변화에 대한 정치적 논쟁의 여지가 크다고 판단하고 기자회견을 결정했다. 그가 언론사의 제안을 얘기할 때 나는 그를 멈춰 세웠다.

"잠깐! 기자회견에 대한 부분으로 돌아가 봅시다. 그 결정에 대해 의견이 분분했나요?"

당연하다. 찬반 의견이 반으로 나뉘었으며, 심각한 논쟁이 오갔다고 했다. 나는 "좋아요, 그리고?"라고 물었다. 그는 심지어 자기 부인과도 의견이 갈렸으며, 그들이 그 다음날에도 퇴근 전까지 논쟁을 벌였다고 했다. 이외에도 여러 가지 얘기들을 해줬는데 모두 좋은 이야기를 만들어낼 수 있는 재밌고 훌륭한 재료였다.

나에게 들려준 얘기들을 종합하면 그들은 로그 라인 만들기가 설명하는 '한숨 돌리기' 부분을 간과한 것이다. 그는 빙하가 얼마나 거대했으며 그것이 녹는 것이 시사하는 점, 그 현상이 계속되면 미래는 어떻게 될 것인가 등의 사실적 정보에만 집중했다. 모두 중요한 요소임엔 틀림없다. 하지만 대중은 감성적인 요소에 더 공감한다. 그것이 바로 '한숨 돌리기'가 제공하는 것이다. 현재까지 모든 것은 사실적으로 정확하고 가치 있으며 훌륭한 이야기를 만들어낼 수 있는 황금열쇠들이다.

여러분들도 이 지점에 도달해야 한다. 타인의 이야기를 듣고 황금열쇠를 선별해낼 수 있는 서사적 직관의 지점에 말이다. 모든 이야기의 태생이 다른 것처럼 이야기 요소도 마찬가지다. 어떤 것은 서사적으로 더 가치 있고 또 어떤 것은 그렇지 않다. 그것을 가려낼 수 있어야 한다.

4. 암흑의 시간

만일 이야기 사이클 양식을 사용하여 당신의 이야기가 사람들의 가슴 깊은 곳까지 전달되기 원한다면, 6번 '영웅의 갈등'이 출발점으로 상당히 유효하다.

'암흑의 시간'은 전체 이야기에서 감정적으로 가장 강력한 부분일 때가 많다. 프로타고니스트의 노력이 모두 수포가 될 것 같은 부분 말이다. 한 연구기관이 30년 가까운 혁신의 역사에 관한 이야기를 만들기 위해 내게 도움을 청했다. 이야기의 처음과 시작은 명료했다. 언제나 험난한 도전과 혁신의 명소가 되기 위한 열망으로 이야기를 시작했다. 그 기관은 오늘날 대단히 성공적이고 선망하는 연구소로 자리 잡았다. 하지만 흥미로운 의문이 생겼다. 그렇게 되기까지 모든 염원이 실패로 돌아갈지도 모른다는 위기는 없었을까?

당연히 그렇다. 아무것도 이뤄질 것 같지 않고 거듭된 실패로 지원이 끊길지도 모르는 위기에 직면한 적이 있다. 바로 이거다. 이게 이야기의 시작이다.

여정 중엔 언제나 여러 가지 일들이 꼬이고, 심지어 재앙을 향해 가는 것 같은 느낌을 받을 때가 있다. 사람들이 오늘날 이룬 성공을 가슴 깊이 느끼게 하려면 모든 게 수포가 될 뻔한 적도 있었다는 사실을 활용할 필요가 있다. 강한 대조와 고저의 격차 말이다.

대부분의 훌륭한 이야기는 고저의 격차가 크다. 나의 첫 시나리오작법 은사였던 크리스토퍼 킨Christopher Kean이 이것을 쉽게 설명해줬다. 자전적 이야기의 작법에 관해 설명할 때 그는 칠판에 올라갔다 내려갔다 하는 선을 그리고는 이렇게 말했다. "이것은 한 사람의 삶을 그린 그래프입니다. 보다시피 많은 굴곡이 있습니다." 그러더니 선의 중간 부분을 모두 지웠다. "이제 이것을 사용해 여러분의 이야기를 창조하기 바랍니다. 과도기인 모든 중간 부분을 생략하고 최고점과 최저점만을 얘기해주기 바랍니다."

이 과정에서 더 많은 세세함을 그려낼수록(스토리텔링의 힘은 구체화에 있다) 이야기는 더 강해진다. 이것은 좋은 이야기 구성의 전부라고 해도 과언이 아니다. 언제 흥미보다는 양적 정보만 많은 부분을 건너뛰고 속도를 내야 하는지, 언제 속도를 확 낮추며 드라마의 감정적 부분을 펼쳐서 관객을 몰입시킬 것인지를 감지하는 능력 말이다. 두 번이나 헛스윙을 한 야구선수가 마지막 기회에서 그랜드 슬램을 치는 것, 이것이 바로 드라마다.

10

결과: 서사 스펙트럼

이제 이 양식들이 실전에서 어떻게 적용되는지를 설명해야 할 시점이다. 나는 이번 장에서 게재된 논문초록 다섯 개의 서사 구조를 서사 스펙트럼으로 분석하고자 한다. 그리고 10장에서는 서사 구조 개선을 위해 이 도구를 사용한 세 명의 과학자를 소개하고자 한다. 마지막으로 나의 동료인 스테파니 인이 로그라인 만들기를 활용해 제임스 왓슨의 저명한 연구, 《이중나선》을 분석한다. (전에도 언급했듯이 나는 제임스 왓슨이 정치적으로 안 좋게 연루된 사실을 잘 알고 있다. 나는 이 책에서 서사 구조 분석 용도로만 그의 연구를 활용할 뿐 그의 개인사를 옹호하고자 하는 의도는 없음을 알린다.)

서사 스펙트럼 분석

모두 알다시피 IMRAD란 머리글자를 안다고 손을 든 과학자는 단 한 명뿐이었다. 그렇다면 아마 나머지 사람들은 논문초록에 서사 구조를 고려하지 않았을 것이다. 하지만 어떤 학회지, 특히 생명의학 분야는 투고자들에게 '구조가 잡힌 초록'을 권장한다. 2011년도에 안나 리플Anna Ripple은 이것의 장기적 실행패턴을 분석하기 위해 정보 전문가들로 팀을 구성했다. 그들은 구조가 잡힌 초록에 대한 요구가 1992년에 2.5%에서 2005년에는 20.3%로 지속적인 상승을 보인 점을 발견했다. 그림 1에서 볼 수 있었듯 생명의학 분야는 IMRAD 양식을 도입하는 데 50년이나 걸렸다. 구조가 잡힌 초록도 유사한 패턴을 보인다. 논문의 서사적 요소에 대한 그래프를 살펴보면 100% 도입은 2050년쯤에 이루어질 것으로 예상된다. 과학은 굉장히 천천히 변한다.

리플과 동료들은 학술지가 요구하는 구조의 여러 요소를 배경, 목적, 방법, 결과, 그리고 결말이라는 5가지 카테고리로 분류했다. 배경은 '그리고' 요소다. 목적은 '하지만'이고 방법과 결과는 '그러므로', 그리고 그 모든 요소가 합쳐져 결말이 된다. 헤겔의 정립, 반정립, 종합과 같다.

ABT의 영향력과 적용법 설명을 위해 논문초록의 서사적 구조 분석에 ABT를 사용해보고자 한다. 나는 2014년 1월에 통합비교생물학협회SICB, Society for Integrative and Comparative Biology의 연례행사에서 기조연설을 했다. 그들은 단체의 학회지인 《통합비교 생물학》의 무료 구독권을 나에게 선물했다.

구독을 시작하고 나서 첫 번째로 54권 2호가 우편함에 도착했을 때 나는 서사 스펙트럼의 평가를 위해 논문 몇 개를 훑어봤다.

심포지엄엔 '표현형 숙주의 기생적 조작, 또는 좀비를 만드는 방법Parasitic Manipulation of Host Phenotype, or How to Make a Zombie'이라는 거창한 제목이 붙어있었다. 나는 논문의 초록들만 검토했다. 논문들은 명확하고 깔끔하게 작성되었다는 점을 우선 밝혀두고 싶다. 나는 서사를 충분히 활용해서 더 높은 수위의 글을 만들어내는 것을 추구할 뿐이다. 서사 구조는 글 전반에 걸쳐 필요한 것이기 때문에 논문 전체를 분석할 수도 있었지만, 초록이 분석에 필요한 간략하고도 짧은 요소들을 충분히 제공했다. 그래서 여기 다섯 개 논문의 초록을 소개하고, 서사 스펙트럼을 분석한 결과와 나의 목적을 지원하는 몇 가지 의견도 공유한다.

초록 1

우리가 레피도파 베네딕티*Lepidopa benedicti*라는 학명의 모래 게를 조사한 결과, 대상 개체를 지속해서 감염시키는 기생충은 작은 선충뿐이었다. 많은 선충은 여러 숙주를 거치는 복잡한 수명 주기를 가지고 있고 또 숙주를 조정하기도 하므로 선충이 모래 게 숙주의 행동을 변화시킨다는 가설을 세웠다. 우리는 더 많이 감염된 게들이 덜 감염된 게들보다 모래 위에서 더 많은 시간을 보내리라 예측했다. 우리의 자료는 선충에 의한 감염이 게가 모래 위에서 보내는 시간과 상관관계가 없다는 것을 알려줬다. 또한 모래사장에 서식하는 유기체들이 종의 다양성이 낮기에 상대적으로 낮은 기생률의 이득을 볼 수도 있다고 생각한다.

초록 1의 분석: DHY

초록 1은 "우리가 모래 게를 조사한 결과……."와 같이 바로 '그러므로'로 시작한다. 만일 논문의 제목이 연구의 문제를 제시한다면 문제에서 해결로 바로 점프해도 서사적으로 문제가 없겠지만 이 경우엔 그렇지가 않다. 제목은 결과에 대한 정의다. 〈선충 감염, 하지만 레피도파 베네딕티의 모래 파기를 조정하지는 않는다Nematodes Infect, but Do Not Manipulate Digging by, Sand Crabs, Lepidopa benedicti〉라는 제목이 있건 없건 결과는 이것이며 설정도 없고 즉각적인 서사 방향만 있을 뿐이다. 이후 첫 번째 문장의 후반부는 "작은 선충뿐이었다."는 말로 결과를 말해준다. 그런데 결과는 알았지만 명확한 내용은 없다. 두 번째 문장의 '하므로'는 '그러므로'와 같이 결말을 알리는 단어다. 이 문장의 끝부분에 '가설을 세웠다'가 나오고 다음 문장엔 '예측했다'는 단어가 나온다. 이 지점까지 서사는 뒤로 갔다 앞으로 가기를 몇 번이나 반복한다. 이것이 바로 DHY 역학이다. 이 분야의 지식이 있는 사람들은 혼란이 적을 수 있지만 그렇지 않은 수많은 사람에겐 필요 이상으로 복잡한 서사다.

초록 2

최근 연구는 식물 바이러스와 다른 병원균이 절지동물 매개 때문에 전염이 촉진되는 방법으로 자주 숙주-식물 표현형을 변경한다는 것을 보여준다. 하지만 다수의 숙주를 감염시키는 바이러스는 그 병원균이 계통발생적으로 분기하는 숙주 식물과 해당 숙주나 식물군의 진화적 역사에 영향을 주는 감염 유발의 역할을 하는지에 대한 의문을 가지게 한다. 이것을 실험하기 위해 우리는 새롭게 획득한 현장 분리 채취된 두 개의 오이 모자이크 바이러스CMV, Cucumber Mosaic Virus를 활용했다. 진딧물에 의해 비잠복 형태로 전염된 다수 숙주 식물의 병원균 확산, 그리고 다른 숙주 식물과 진딧물 매개에 대한 그들의 지속적 접촉이 표현형에 미치는 영향을 탐구했다. 호박 경작지에서 채취한 분리 표본(KVPG2-CMV)이 토종 호박 숙주*Cucurbita Pepo*의 감염(진딧물을 위해 감소시킨 숙주-식물의 품질, 건강한 식물의 감염 시점부터 빠른 진딧물의 확산, 그리고 건강한 식물과 흡사한 휘발성 혼합물의 배출증가로 인한 진딧물의 유인 증폭)을 촉진한다는 기존 연구의 숙주-매개 교류에 갖가지 영향을 유발했다. 경작된 고추*Capsicum annuum*에서 채집한 두 번째 분리 표본(P1-CMV) 토종 숙주에 더 중립적인 영향을 미쳤다. (KVPG2-CMV보다 훨씬 더 불특정적 영향을 보였다.) 우리가 이 두 가지 CMV 분리 표본 숙주의 교배를 시도했을 때(고추의 KVPG2-CMV와 호박의 P1-CMV) P1-CMV만 새로운 숙주에게 산발적인 감염이 가능했다. KVPG2-CMV는 토종 숙주와 비교했을 때 새로운 고추 숙주를 비교적 낮은 확률로 감염시켰고 토종 숙주의 품종을 관찰한 것보다 현저히 낮게 바이러스 현가에 도달했다. 또한 KVPG2-CMV는 새로운 숙주와 숙주-매개 상호작용을 토종 숙주보다 극적으로 다르게 변화시켰으며 바이러스 전염에 관해 두드러진 부적응 반응을 보였다. (진딧물을 위한 숙주 식물의 상태는 이 경우에 두드러지게 호전되었으며 진딧물의 확산은 감소했다.) 결과를 종합하면 이 발견은 CMV의 지역

숙주(새로운 숙주 대 토종 숙주의 낮아진 전염성과 반복을 포함)에 대한 적응력을 입증하며 나아가 그러한 적응력은 진딧물 매개와의 상호작용을 조정하는 숙주-매개의 특징에 영향을 끼칠 수도 있다. 그러므로 이 결과는 숙주-매개의 상호작용에 바이러스가 주는 영향이 적응 가능한 것이라는 가설과 일치하고 다수 숙주의 병원균이 숙주의 표현형에 다른 영향을 포함해서 적응력을 표시한다. 동종 일모작인 경우에 더욱 그렇다.

초록 2의 분석: ABT

ABT 구성의 힘을 보여주는 좋은 예다. 초록 2의 첫 번째 문장은 명확한 해설을 제시한다. 두 번째 문장은 부정의 단어인 '하지만'으로 시작하며 바로 요점으로 넘어간다. 문장의 요지는 "이 병원균은 과연……?"이다. 다음 문장은 '그러므로'다. 문장은 "이것을 실험하기 위해"로 시작하지만, 앞에 '그러므로'를 넣어도 전혀 문제가 되지 않는다. 전반적으로 이 초록은 간결하고 따라가기 쉬운 화두로 시작해서 독자를 명확한 방향으로 끌고 간다. 그 이후엔 연구를 상세히(초록이라고 하기엔 과도한 감이 없지 않아 있지만) 설명한다. 후반부에 '또한'으로 시작되는 문장을 통해 우리는 결과보고의 마지막 부분을 향해 간다는 것을 가늠할 수 있다. 마지막에서 두 번째, "결과를 종합하면"으로 시작하는 문장은 글의 마무리를 명시한다. 그리고 "그러므로 이 결과는 숙주-매개의 상호작용에 바이러스가 주는 영향이 적응 가능한 것이라는……."으로 시작하는 마지막 문장은 다소 장황하고 길어서 편집할 필요성이 있긴 하지만, 적어도 명확하고 간략하며 강한 서사 구조로 되어있는 것은 분명하다.

초록 3

동물들은 감염을 물리치기 위한 다수의 행동 양상을 보인다. 예를 들면 그들은 병든 동종을 피하며 짝짓기 시기엔 더욱 그렇다. 동물 대부분은 감염 후 행동의 변화로 회복을 모색한다(병 행동). 예를 들면 아픈 동물들은 짝짓기 등의 많은 에너지가 소모되는 행동은 자제한다. 마지막으로 어떤 동물들은 생사가 갈린 면역문제에 봉착했을 때 생식기능이 증대되기도 한다(시한부적 생식의 투자). 이러한 행동 양상들은 아마도 면역/신경계의 최초 소통신호에 의존하고 있을 것이다. 불행히도 이러한 소통창구는 기생충에 조정당하기 쉽다. 성적 감염(STI)의 경우 이런 기생충/병원균은 성공적인 전염을 위해 동물의 방어 행동을 타파해야 할 필요가 있다. STI가 면역체계의 체계적 신호를 억제한다는 증거가 있다(염증을 유발하는 사이토킨 등). 이러한 조정은 병 행동 및 다른 방어 행동을 억제하는데 예방을 위한 숙주의 면역체계 공격 못지않게 중요한 요소로 작용할 것이다. 예를 들면 이리도바이러스(IIV-6/CrIV) STI에 걸린 귀뚜라미, 그릴러스 텍센시스*Gryllus texensis*다. 바이러스는 면역체계를 공격하고 면역에 필요한 중요한 단백질을 생성하는 능력을 급격히 감소시킨다. 이 공격은 병 행동을 가동하는 면역체계의 능력을 방해하기도 한다. 감염된 귀뚜라미는 열처리된 박테리아에 노출되어도 병 행동을 표현하지 못한다. 인간과 다른 동물의 STI의 병 행동 억제를 이해하면 심리신경면역학 분야를 두드러지게 견인할 것이며 실질적인 혜택을 얻을 수 있을 것이다.

초록 3의 분석: AAA

초록 3은 전반적으로 '그리고, 그리고, 그리고' 구조다. 긴 연쇄적 설명이 이어지다가 "심리신경면역학 분야를 두드러지게 견인할 것이며 실질적인 혜택을 제공해줄 것이다."라는 말로 끝맺는다. 그 시점까지 서사의 진전은 찾아보기 힘들다. 그저 감염에 대한 행동 방어의 항목별 기재만 있을 뿐이다. 내가 AAA 구성에 문제는 없다고 언급했던 걸 떠올려 보기 바란다. 이 초록에도 문제는 없다. 단지 서사를 활용해 고차원의 간결함과 흥미로움에 도달하지 못한 것이다.

초록 4

영양상으로 전염되고 숙주의 표현형을 조정하는 기생충은 자원경쟁을 하든지 안 하든지 숙주 대비 크기, 감염의 정도, 기생충이 숙주의 면역체계에 대한 방어를 분담하거나 숙주를 조정하는 정도, 그리고 감염의 목표를 분담하는 정도에 의존한다. 밀도의존이 없거나 양성이거나 음성인 상황을 모두 관찰해야 하는데도 대부분의 영양상 전염되는 기생충의 연구는 음성 밀도의존만 기록한다. 하지만 기생충이 숙주와 비교해 큰 경우의 연구에 있어 그런 방식은 이미 오래된 것이다. 그러나 기생충이 숙주에 비해 작은 경우에는 아직도 음성 밀도의존만 기록하는 연구방식이 성행하며, 그런 기생충은 자원의 한계를 경험할 확률이 낮다. 우리는 자연산 캘리포니아 송사리 *Fundulus Parvipinnis*를 감염시키는 조정성 강한 흡충 기생충인 우하플로르키스 캘리퍼니엔시스 *Euhaplorchis californiensis*나 레니콜라 부카나니 *Renicola buchanani*의 밀도

의존을 관찰했다. 이 기생충들은 캘리포니아 송사리보다 작고(자원에 제한이 없음) 기생체 강도에 의존하며 기생충이 공유하는 최종 숙주(분담의 가능성을 시사함)에 의한 포식 비율은 증가하는 캘리포니아 송사리의 행동 변화와 연관이 있다. 우리는 자원의 제한이 없는 두 종 모두 음성 밀도의존을 목격하지 못했다. 사실 목격된 패턴은 우하플로르키스 캘리퍼니엔시스의 양성 밀도의존 가능성을 시사했다. 실험적 입증이 필요하지만, 우리가 발견한 것은 행동-조정하는 기생충이 크기의 축소를 경험하지 않고 심지어는 동종이 모였을 때 혜택을 받을 수도 있다.

초록 4의 분석: DHY

초록 4는 전형적인 '그런데도, 할지라도, 그렇지만' 구성이다. 사실 나는 이 초록으로부터 DHY를 따왔다. 우선 첫 번째 문장은 30단어나 된다. 초록 전체가 한 문장이라 해도 과언이 아니다! 더군다나 내용도 간략하지 않다. 그것도 "기생충이 하든지 안 하든지"와 같이 독자를 두 방향으로 안내하는 조건적 성명이다. 두 번째 문장엔 '하는데도'가 있다. 세 번째 문장은 '하지만'으로 시작한다. 네 번째 문장은……. 그렇다. 역시나 '그렇지만'으로 시작한다. 내가 '과잉 서사'라고 얘기하는 게 바로 이런 거다. 고작 네 문장 읽은 독자가 벌써 네 갈래의 방향으로 가고 있다. 물론 제공된 정보는 모두 정확할 것이다. 그러니까 재앙까지는 아니다. 간략하게 만드는 건 쉬운 일이 아니다. 하지만 그 시작은 ABT와 친숙해지는 것부터다.

초록 5

숙주의 행동을 조정하는 기생충의 적응력은 자연에서 발견할 수 있는 적응력 중 가장 흥미로운 것이다. 숙주의 행동은 숙주의 정밀한 행동 변화에 의존하는 기생충 게놈의 성패 여부처럼 기생충의 확장된 표현형이 될 수도 있다. 진화생물학은 월리스나 다윈 같은 자연주의자들이 새로운 종의 기원을 찾기 위해 다양한 표현형을 세밀하게 관찰한 것에서 탄생했다. 이 논문을 통해 나는 기생충으로 확장된 표현형의 기원도 생각해봐야 한다고 주장하고 싶다. 이것은 진화론 관련 서적들이 예로 든 척추동물의 눈이나 말의 고창증鼓脹症 같은 것들보다 더욱 어려운 과제다. 하지만 계통 유전체학 같은 새로운 도구는 확장된 기생충의 표현형을 이해하는데 두드러진 발전의 기회를 제공한다. 기생충 확장 표현형의 기원을 밝히는 것 자체가 중요한 목표다. 하지만 습득되는 정보도 복잡한 조정이 왜 드문지를 이해하고 외형에 대한 진화적 징조들을 확인하는 데 많은 도움을 준다.

초록 5의 분석: ABT

초록 5는 논쟁이다. 작성자는 마치 그라프와 버켄스타인의 《그들이 말한다, 내가 말한다》를 읽고 그것을 마음 깊이 수용한 듯 보인다. 이것은 아주 명확하고 직선적인 '그들이 말한다' 측면의 두 개 문장으로 시작한다. 세 번째 문장은 부정의 단어로 시작하지 않지만, 그 단어를 끼워 넣어도 흐름에 전혀 문제가 생기지 않는다. 시도해보자. "하지만 진화생물학은 월리스나 다윈 같은 자연주의자들이 새로운 종의 기원을 찾기 위해 다양한 표현형을 세밀하게 관찰한 것에서 탄생했다." 이 다음 문장은 '그러므로'로 시작할 수 있다. "그러므로 이 논문을 통해 나는 기생충으로 확장된 표현형의 기원도 생각해봐야 한다고 주장하고 싶다." '하지만'과 '그러므로'가 기재되어 있지는 않지만, 전체구성 자체는 명확하고 간략한 3부 구조로 되이있다. 게오르그 헤겔이 좋아할 것이다.

나는 심포지엄의 모든 13개 논문초록의 서사 스펙트럼을 분석했다. 결과는 다음과 같았다. ABT: 6개, DHY: 6개, AAA: 1개. 6개의 초록이 ABT이거나 혹은 그것에 가깝게 하나의 긴장, 또는 갈등이라는 한 방향으로 향했다. 그것들은 혼란스럽거나 지루하지 않았고 상쾌한 이해를 할 수 있었다.

다른 6개의 초록은 스펙트럼의 과잉 서사 부분에 속했다. 그것들은 하나 이상의 반대성향 단어를 제시했고 글의 처음부터 반대성향 단어로 시작하거나 다수의 반대성향 단어로 계속되거나 잘못된 순서의 ABT로 작성되는 등 혼란을 일으켰다. 많은 DHY 초록의 핵심을 파악하기 위해 나는 읽고 또 읽고 또다시 읽어야만 했음을 고백한다. 하지만 ABT로 작성된 초록은 그렇지 않았다.

한 개의 초록만 한 문장 안에 계속된 정보를 제시하다가 끝에 결론을 짓는 AAA 구성으로 작성되었다. 이 실험에 대한 결과비율이 오늘날의 과학 논문비율을 반영하고 있다고 생각한다. 반 정도의 베테랑 과학자들은 본능적으로 ABT 구성을 구사하지만, 나머지 반은 생각이 과도해서 결국은 상식선을 넘나드는 다수의 서사가 존재하는 글을 작성한다.

미국 농림부에서 강연할 때 한 과학자에게 가장 자주 사용하는 학회지 한 권을 무작위로 골라보라고 한 적이 있다. 그는《식물분류학Systematic Botany》지의 35권 3호를 선택했다. 나는 그것을 이야기 서클의 동료 프로듀서인 제이드

로벨에게 건넸고 그녀는 거기 실린 19개 논문의 초록이 ABT 구성으로 작성되었는지 재빨리 검색했다. 그리고 그녀가 찾은 결과는, 턱도 없다는 거였다.

10이 완벽한 ABT라고 가정했을 때, 1부터 10까지 점수를 준다면 몇 점대 정도 되는지 묻자 그녀는 평균 3.8이라고 대답했다. 그 중엔 8과 9도 있었으니 전부가 나쁜 것은 아니었다. 하지만 그중엔 1도 있었다. 이 평가엔 물론 주관적 요소가 있다. 다른 누군가는 평균 6점을 줬을 수도 있다. 하지만 누구도 이 글들이 모두 탄탄한 서사 구조를 가졌다고 말하지는 않았을 것이다. 아직 배워야 할 것들이 많다는 증거다.

여기에 일화 하나를 더하고자 한다. 친구 한 명이 내 책을 읽고 대학원 제자에게 다음 번에 연구실에 올 때 두 개의 초록을 가져오라고 말했다. "좋은 것과 나쁜 것을 하나씩 찾아오세요." 그녀는 그 말만 했다. 1학년생은 다음과 같이 말했다. "이건 주제가 흥미로우므로 좋고 이건 주제가 지루해서 나쁜 것 같습니다." 하지만 고학년들이 고른 '좋은' 것들은 거의 ABT 구성을 가진 초록이었으며 '나쁜' 것들은 엉망인 서사를 가지고 있는 초록이었다. 고학년들이 비록 ABT 구성에 대한 지식이 없어도 그 방향으로 가고 있는 것을 친구는 매우 인상 깊어했다. 젊은 과학자들은 더 분발해야 하지 않을까? 희망이 있다면 그들도 이 책을 읽고 서사적 직관을 길러 그것을 효과적으로 사용하게 되는 상황이 오는 것이다.

11

결과: 4개의 사례연구

서사 도구들은 과연 유효한가? 좋은 질문이다. 나도 고민해온 문제로, 대답은 "그렇다."이다. 여기 그것을 입증할 네 가지의 사례연구를 소개한다. 처음 두 개는 내가 이 도구들을 활용할 수 있도록 도와준 과학자들의 사례다. 세 번째는 나의 워크숍에 참여했던 한 참가자가 배운 것을 수행하면서 많은 즐거움을 얻은 성공사례다. 그리고 마지막은 동료인 스테파니 인이 제임스 왓슨의 대표적인 과학연구인 《이중나선》을 로그 라인 만들기 양식으로 분석한 사례다. 모든 사례가 다 다르다. WSP 요소로 뚝딱 작업한다는 게 생각처럼 쉬운 일이 아니다. 어떤 경우에는 한두 가지 요소만 유효할 때도 있다. 하지만 하면 할수록 대뇌에 기록된 요소들이 복부의 요소들로 변환되고 서사에 대한 직관이 생기면서 무엇이 문제이고 그것을 어떻게 해결할 건지 파악할 수 있다. 결국은 모든 것이 문제와 해결의 방식이기 때문이다.

사례연구 1

해수면 상승 패널

이 도구들을 해수면 상승 패널에 어떻게 적용했는지부터 설명하기로 하자. 두 과학자와 나는 작은 갈등이 빚은 서먹함을 던져버리고 토론의 핵심을 설명하기 위한 세 가지 핵심단어에 동의했다. 우리는 기존의 제목인 '해수면 상승에 대한 대응'을 더 흥미로운 '해수면 상승: 새롭고, 분명하고, 어디서나 일어나는'으로 변경했다. 더 강력하고 구체적이며 기억에 남는 제목이었다. 톰 프리드먼Tom Friedman의 베스트셀러 《뜨겁고 평평하고 붐비는 세계Hot, Flat and Crowded》와 재러드 다이아몬드Jared Diamond의 《총, 균, 쇠Guns, Germs and Steel》를 연상케 한다. 세 단어를 확정한 후 우리는 각각의 단어별로 ABT를 구축하기 시작했다. 첫 번째 회의를 통해 우리는 다음과 같은 구성을 완성했다.

> **새롭고** 해수면은 지난 8,000년 동안 안정적이었다. **그리고** 문명은 해변에서 번성했다. **하지만** 지난 150년간 해수면은 급격히 상승했다. **그러므로** 이제는 해변의 새로운 관리법이 필요하다.

분명하고 해수면 상승은 인간으로 인한 환경변화의 결과다. **그리고** 가스로 인한 온실효과를 막아야만 문제를 해결할 수 있다. **하지만** 기차는 이미 떠났다. 즉 사람들은 해수면 상승을 막을 수 있다고 생각하지만, 그것은 사실이 아니다. 우리는 무엇을 하든 해수면 상승은 막을 수 없다고 확신한다. **그러므로** 그 현상의 억제에도 힘써야 하지만 적응에도 대비해야 한다.

어디서나 일어나는 해수면 상승은 미크로네시아 **그리고** 지중해 같은 특정 지역에서 더 심하게 일어난다. **하지만** 그런 지역들뿐만 아니라 지구 전역에서 일어나는 현상이며 해변에서 100마일이나 떨어진 곳에서도 일어난다. **그러므로** 우리는 이 문제가 특정 지역만의 문제가 아니라는 사실을 대중에게 알려야 한다. 궁극적으로 지구상 모든 지역의 모든 사람에게 피해가 갈 것이다.

위와 같은 세 개의 이야기 구성을 확정한 뒤 우리는 더 상세한 다음 단계의 ABT들을 만들어냈다. 그것을 '내포된 ABT'라고 부를 수 있겠다.

예를 들어 '어디서나 일어나는' ABT는 미크로네시아 이야기를 구성할 수 있게 해준다. 그 이야기의 ABT는 다음과 같다. "미크로네시아 전역에 해수면 상승이 일어나고 있다. **그리고** 빵나무는 거기서 전통적으로 중요한 작물이다. **하지만** 지금은 해수면이 상승해서 빵나무에 피해를 준다. **그러므로** 농민은 지대가 더 높은 곳으로 작물을 옮겨야만 한다."

우리는 이런 '내포된 ABT'를 많이 만들어냈다. 발표의 오프닝을 위해 나는 과학자에게 들은 말 중에 두 개의 훌륭한 이야기 조각들을 발췌했고 그것들을 모아 행사의 전반적인 톤을 자아내는 하나의 짧은 글로 엮었다.

과학자의 첫 번째 이야기에서 카트리나 태풍 이후 전 상원의원인 메리 랜드루Mary Landrieu가 그녀의 지역구 주민에게 해수면보다 낮은 저지대 지형이지만 안전하게 살아가는 네덜란드를 방문하겠다고 한 발언과 연관을 지었다. 발표문의 또 다른 부분에는 네덜란드 대사가 2012년도 연설에서 "우리는 바다와 영원히 싸울 수 없다는 것을 자각했다."라고 말한 것을 인용했다.

이 두 조각으로 훌륭한 ABT가 완성됐다. "상원의원은 바다가 우리를 공격했다고 말했다. **그리고** 그녀는 바다에 저항하는 방법을 터득한 네덜란드를 방문하겠다고 말했다. **하지만** 네덜란드 대사는 그들이 계속해서 바다에 저항할 수 없다는 사실을 인정했다. **그러므로** 우리는 오늘 해수면 상승에 대한 곤경을 피력하고자 이곳에 모였다." 이것은 패널의 주제인 '언제까지 바다에 저항할 수는 없다'를 설명하는 완벽한 글이었다. (도브잔스키 양식: 바다에 저항할 수 없다는 사실 없이는 해수면 상승의 어떤 것도 설명할 수 없다.)

행사는 대단한 성공이었다. 세 명의 패널은 돌아가며 행사장을 채운 1,000여 명의 청중에게 이야기를 해줬다. 행사가 끝났을 때 주최 측인 남가주해수연구프로젝트의 스티브 와이스버그Steve Weisberg는 지금까지 수많은 패널을 진행해 봤지만 이번이 역대 최고였으며 다른 것들보다 훨씬 더 수준 높게 느꼈다고 했다(서사의 효과에 감사해야 할 일이다).

여기저기서 격찬이 이어졌다. 네 달 후 다른 행사에서 다섯 명이 내게 와 이 행사에 대한 감사의 인사를 전했다. 그들은 평생 그런 행사는 한 번도 보지 못했다고 말했다. 정점은 내가 그 행사에 관해 쓴 글이 한 달 후 《사이언스》지에 게재된 일이었다. 여기 가장 중요한 교훈이 있다.

뿌린 대로 거둔다

행사 전날 밤 나는 과학자 두 분과 저녁 식사를 했다. 두 분 모두 행사에 대한 염려가 컸지만 설사 엉망이 된다고 해도 새로운 것에 도전해봐서 기쁘다고 말했다. 하지만 더 중요한 것은 두 분이 기존의 발표에서는 이번만큼의 시간과 노력을 투자하지는 않았다고 이야기했다는 사실이다.

우리는 행사 전 6주 동안 네 번의 화상채팅을 했고 수없이 많은 전화통화를 했으며 셀 수 없는 이메일을 교환했다. 이런 질문을 해볼 수 있다. 간단한 AAA 발표가 아니라 ABT 구성을 활용한 서사의 영향력으로 청중을 처음부터 끝까지 몰입하게 하고, 흥미를 느끼게 하고, 공감하게 할 만큼 이 주제가 당신에게 중요한가?

정말 중요한 질문이 아닐 수 없다. 과거의 대답은 불행히도 다음과 같았다. "시간과 에너지를 쏟을 만큼 애정이 있는지 잘 모르겠다." 하지만 과학자들이 서사의 영향력과 중요성을 발견하기 시작하면서 현재는 다음과 같은 대답이 증가하는 추세다. "그래. 한번 해보자!" 빠르고 쉽게 되는 게 아니라는 것만 알면 된다. 세상만사는 다 뿌린 대로 거둔다.

최고의 강연자도 서사의 도움이 필요하다

서사에 대한 도움을 받는 건 절대로 이상하거나 하찮은 게 아니다. 해수면 상승 패널의 두 과학자는 당신들의 분야에서 지극히 존경받는 전문가지만 서사의 도움이 필요했다. 누구라도(제럴드 그라프가 도움을 주기 전 이 책의 상태를 봤어야 한다) 필요할 수 있는 도움이다. 스티븐 스필버그와, 이 책의 제목에 영감을 준 영화 〈아폴로 13〉의 감독 겸 프로듀서 팀인 론 하워드Ron Howard와 브라이언 그레이저Brian Grazer를 포함한 그 누구라도. 나는 바다를 보존하는 그들의 노력을 치하하기 위한 할리우드의 해양 보존 만찬에 초대된 적이 있다. 그들은 합동 연설에서 하와이에서 처음 해본 스쿠버다이빙에 관해 얘기했다. 하지만 그것은 삐걱거리고 밋밋한 최악의 '그리고, 그리고, 그리고' 연설이었다. 그렇게 지루할 수가 없었다. 나는 충격을 받고서는 생각했다. '이 사람들, 할리우드 최고의 이야기꾼들 아니었어?' 누구라도 서사 구성에 대한 도움이 필요할 수 있다.

해수면 상승 패널의 경우 두 분 모두 강연에 도움을 필요로 하지 않을 정도의 역량이 있었다. 두 분 다 경험과 카리스마가 넘치는 강연자이다. 그중 한 분은 탁월한 유머 감각이 있었고, 다른 한 분은 감동적인 연설로 귀갓길 청중의 귀에 강연이 맴돌게 하는 능력이 있었다.

행사가 진행되는 동안 그분들을 지켜보면서 경이로움을 느꼈다. 청중과 눈을 맞추거나 좋은 자세를 유지해야 하는 태도에 있어 그분들은 나의 도움이 전혀 필요 없었다. 필요했던 유일한 도움은 모든 사람이 필요로 하는 도움이었다. 최적의 글 구성을 확보할 때까지 작업하고 수정하는 과정. 그것은 마치 퍼즐을 맞추는 것처럼 시작할 땐 까마득하지만 끝나면 큰 보람을 느끼는 일이다. 적법한 과정을 거쳤다면 말이다.

네 번째 목소리

해수면 상승 발표엔 또 하나의 기가 막힌 요소가 있다. 우리는 발표에 네 번째 목소리를 불어넣는 데에도 ABT를 사용했다. 바로 청중의 목소리다. 회의 한 달 전 나는 참가자들에게 초대장 겸 안내문을 보내달라고 주최 측에 부탁했다. "해수면 상승에 대한 당신의 한 문장짜리 ABT를 보내주세요." 전국 각지의 과학자들은 우리의 안내대로 각자 자기 분야에 관한 한 문장 ABT를 써서 보내왔다.

이것을 유효하게 만든 것은 ABT의 힘이다. 만약 '한 문장'이라는 얘기를 하지 않았더라면 우리는 뒤죽박죽 요지 없는 글들을 받았을 것이다. 그림을 놓고 참가자들에게 그것을 설명해보라고 했던 나의 얘기를 기억하는가? 서사적 안내가 없을 때 그들은 별 의미 없는 말을 30초 동안이나 했다. 하지만 ABT를 알려주고 난 후에는 그것의 반밖에 안 되는 시간 동안 명확하고 간결한 문장 하나를 만들어냈다.

사람들은 안내와 구조structure가 필요하다. 많이도 아니고 ABT가 제공하는 만큼만. 우리가 유효한 결과를 바로 얻을 수 있었던 이유다. 우리의 세 가지 이야기 끝에 청중이 작성한 ABT를 하나씩 소개했다. 이런 네 번째 목소리는 발표에 또 하나의 시각을 더했으며 추가적 특성을 제공했다.

사례연구 2

미국 과학진흥회: 레멜슨 발명 특사들

매번 얘기했듯이 내가 개발한 도구 대부분은 새로운 것이다. 그래서 지금도 그것들의 효과를 가늠해보는 중이다. 2014년도의 한 프로젝트에서 나는 그 도구들을 실험해봤고 효과가 매우 좋아서 놀랐다(전직 과학자가 만사에 얼마나 의심이 많겠는가).

그해 여름, 미국 과학진흥회AAAS 소속의 한 그룹이 레멜슨Lemelson 재단이 지원하고 '발명 특사들'이라고 명명된 프로젝트의 개발에 나의 도움을 받게 해달라고 내 친구이자 AAAS 교육팀장인 셜리 말콤Shirley Malcom을 졸랐다. 그들은 과학연구에 발명이 얼마나 중요한 것인지 알리고 독려하기 위해 매년 6명의 발명가를 선택해 협업하기로 했다.

그들은 팀원들을 워싱턴 DC에 있는 AAAS 본부에 3일간 초대하기로 계획했다. 첫날 나는 그들의 12분짜리 발표를 듣고 피드백을 주기로 했다. 그리고 그들은 둘째 날 200여 명의 행정가와 프로그램 사무관, 자본가, 정치가, 프로젝트에 관심 있는 워싱턴 DC의 시민을 대상으로 발표를 하고, 셋째 날에는 그들의 발표 녹화본을 함께 보고 논의하기로 했다.

나의 해수면 상승 패널 경험을 토대로 이 계획에 어떤 문제가 있었는지 가늠할 수 있겠는가? 해수면 상승의 두 과학자와의 갈등을 기억하는가? 이런 발표들이 얼마나 민감한 사적 문제인지에 대한 나의 자각을 기억하는가? 무려 6주 동안의 수정을 거친 발표문 작성을 기억하는가?

월요일에 논의하고 화요일에 발표하는 계획을 한번 생각해보자. 감정적 아마겟돈이 되거나 미흡한 수정문이 될 게 너무 뻔했다. 또한 발표자들이 내 의견을 수용해서 발표문을 수정한다 해도, '당신이 이렇게 수정하라고 했잖아!'라는 생각으로 왜 수정했는지도 모르는 발표를 하게 될 위험부담이 존재했다. 잘못되면 책임이 누구에게 돌아갈지는 불 보듯 뻔했다. 이런 작업은 시간이 걸린다. 그것도 아주 많이.

어쩌다 주최 측이 되어버린 나는 행사 2주 전에 그들과 화상채팅을 시도했다. 일찌감치 경고 알람을 울려 발명가들의 연락처를 받아냈던 것이었다. 그리고 바로 다음 날부터 6인의 발명가들과 개별적 통화를 시작해 큰 노력을 필요로 하는 발표문 작성의 시작을 알렸다. 하지만 그 작업은 매우 훌륭했던 협업으로 기억된다.

내가 처음 깨달은 것은 나의 시나리오작법 은사였던 프랭크 다니엘이 완전 옳았다는 것이었다. 초고의 시작은 언제나 '그리고, 그리고, 그리고'라고 했던 그의 지적을 기억하는가? 그들이 워싱턴 DC에 들고 온 발표문은 어김없이 이런 것들이었다. "나는 어디서 교육을 받았다. 그리고 박사후 과정은 거기서 했다. 그리고 나는 이런 연구를 시작했다. 그리고 나는 그것을 발견했다. 그리고 나는 특허를 신청했다. 그리고 우리는 회사를 설립했다. 그리고……."

뭐 어쩌랴. 초고인데. 이제부터 본격적인 수정작업을 해야지.

《말문 트인 과학자》의 핵심요지는 1998년에 USC의 커뮤니케이션 전공 교수인 톰 홀리한Tom Hollihan으로부터 처음 들은 '자극과 충족'이다. 그는 그것이 오래된 매스컴의 원리로 많은 대중에게 다가갈 때 유효한 두 가지 요소라고 말했다. "처음엔 대중의 흥미를 자극하고 그로 인한 그들의 기대를 충족시

켜야 한다."

발명 특사들의 발표 첫 번째 작업은 이 원리를 적용하는 것이었다. 각각의 발표자들에게 발명과 특허출원 등 세부 사항에 접어들기 전에 우선 청중의 흥미를 자극할 수 있는 이야기로 시작하자고 했다.

다음 원리는 바로 '스토리텔링의 힘은 구체화에 있다'이다. 발명 과정에서 가장 구체적인(그래서 강력한) 이야기가 뭘까? 5년간, 5주간, 또는 5시간의 연구 같은 걸까? 아니다. 바로 모든 이야기 요소가 융합되는 순간인 발명의 순간이다.

나는 그 힘을 목격한 적이 있다. 절친이자 메이오 클리닉의 커뮤니케이션 교육담당인 메기 캐리Maggie Cary가 자신이 의사들과 함께하는 훈련법을 나에게 알려줬다. '나의 경력을 통틀어 모든 학업과 수련이 융합되는 한순간'을 이야기하는 것이 미국 병원의학협회 워크숍에서 의사들에게 안내하는 훈련법이며, 이것으로 놀라운 결과를 얻었다고 했다. 이때 나오는 이야기 대부분이 응급실에서 벌어지는 일이라고 했다. 한 의사는 응급환자의 전후 사정조차 파악할 시간이 없는 긴급한 상황에서 자신이 해결할 능력이 있는지 없는지도 모른 채 그동안 수련한 모든 의학지식을 총동원한 이야기를 했다고 한다.

그래서 나는 모든 발명 특사들과 그들의 경험이 모두 융합되는 어느 하루나 시간, 순간에 관한 대화를 나누기 시작했다. 처음 반응은 예상 그대로였다. 모두 비슷한 말을 했다. "특정한 하루나 순간은 없어요. 몇 달, 몇 년 긴 시간에 걸쳐 이룩된 결과입니다."

이야기 발굴을 위해 사람들과 대화해보면 흔히 발생하는 패턴이다. 일반성에 맞춰져 있는 성향은 다큐멘터리 작업을 하다 보면 자주 목격하는 장면이다. 인터뷰이는 질문에 항상 일반적인 답을 하곤 하는데, 인터뷰어는 그 사람 마음속 깊숙이 파고들어 일반적인 선을 넘어야만 한다. 나도 이분들과 그렇게 했다.

잠시 후 상황은 마치 복구된 기억을 더듬는 정신과 상담처럼 되어버렸다. 스티브 새슨Steve Sasson과의 경험은 최고의 예다. 그는 디지털 사진을 발명한 사람이다. 맞다. 그는 1975년에 코닥에서 근무하며 전류로 이미지를 생성하는 기술을 처음 고안해낸 사람이다. 나는 발견의 순간을 파악하기 위해 그를 탐색했다. 그 역시 오랜 시간에 거쳐 이룩된 거라는 일반적인 대답을 했다. 나는 굴하지 않고 더 파고들었다(그렇다, 나는 그런 밉살스러운 캐릭터다).

마치 정신과 상담을 하는 것처럼 조금씩 천천히 기억을 더듬던 그가 갑자기 1975년의 어느 가을을 떠올렸다. "아, 맞다! 지금 생각해보니까……." 그는 책장에서 일기장을 꺼내 들었다. "여기 있다! 가을이 아니라 겨울이었군. 1975년 12월 12일. 그날이 바로 보조연구원인 짐과 내가 첫 모형을 완성한 날이야!"

그는 그 당시 기쁨에 들뜬 채 짐과 함께 접수처 직원인 조이에게 장비가 담긴 카트를 밀고 가던 '이야기'를 떠올렸다. 그들은 그녀에게 벽에 기대어 서 있으라고 부탁하고 카메라 스위치를 누른 후 카트를 밀고 다시 연구실로 달려가 모니터에 연결했다. 하, 이것 봐라? 거기 이미지가 있었다. 프로그래밍을 살짝 잘못해서 화소들의 색이 보색으로 된 네거티브 이미지였지만 그들에겐 더할 수 없는 환희의 순간이었다. 그는 그때 연구실 문이 열리고 조이가 들어와 모니터의 이미지를 보더니 감동 없는 표정으로 "색이 이게 뭐예요? 아직도 멀었네요!"라고 하고 연구실을 나갔다는 이야기를 덧붙였다. 내가 찾던 바로 그런 장면이었다.

바로 이거다. 청중을 홀릴 수 있는 훌륭하고 재밌고 완벽한 이야기였다. 그들의 흥미에 불을 댕기고, 충족의 문을 열고, 과도한 정보 때문에 피하는 게 아닌 무엇이든 받아들일 것 같은 반응을 얻어내기에 충분했다.

이야기의 힘이 어디서 나오는지 보시라. 최초의 디지털 카메라가 어떻게 만들어졌는가에 대한 정보가 아니라, 최초의 디지털 이미지를 봤다는 감성적 요소에 과학자의 눈엔 보물인 것을 비과학자가 질타하는 유머가 따라붙는다.

발명 특사들의 발명의 순간을 밝혀내는 것은 그들이 감탄스러운 발표문을 작성하는 데 도움을 주는 첫 단계였다. 하지만 두 번째 단계는 나에게나 그들에게나 더욱 강력한 것이었다.

한 바퀴 돌아 복부 연기 선생님으로

《말문 트인 과학자》의 서두에 괴물 같은 연기 선생님의 첫 수업에서 엄청난 면박을 당한 나의 이야기를 찾아볼 수 있다. 세월이 지난 후 나는 그녀가 내 인생 최고의 영향력 있는 선생님인 걸 자각하게 되었다(나는 1996년 수업 이후 그녀와 대화한 적이 없기에 이 이야기의 끝을 맺을 수는 없다). 발명 특사 경험은 그녀의 가르침이 완전히 '한 바퀴'를 돈 것이었다.

워싱턴 D.C.에 오기 전 2주 동안의 긴 개별대화 후 월요일 오후에 나는 AAAS에서 발명 특사들과 첫 공식적 자리를 가졌다. 그들의 발표 아이디어를 처음 듣는 자리가 아닌 이미 진행했던 서사 작업의 틀에 그들이 무엇을 추가했는지를 볼 수 있는 자리였다.

우리는 각각의 이야기를 들었다. 나는 그들이 당일 밤 작업해야 할 세부 지침을 제공했고 다음 날 아침 우리는 오후 3시에 진행될 발표의 예행연습을 했다. 연습이 끝나고 난 후 나는 그들에게 최종 피드백을 제공했다. 하지만 나의 피드백을 모두 적용하기엔 너무 늦은 시점이며, 원치 않는 요소들이 있다면 적용하지 않아도 된다는 경고와 사과의 말을 덧붙였다. 모든 것이 그들의 사적인 진정성으로부터 출발해야 하는 게 중요했다.

그런데 희한한 일이 벌어졌다. 갑자기 나 자신만의 순간을 떠올리게 된 거다. 각각의 발표자에게 피드백을 주다 보니 20년 전 수강했던 연기 수업 때로 돌아가게 된 것이다. 그 내용은 이랬다. "너에게 무슨 일이 일어났었는지를 듣는 건 그걸로 충분해. 우리는 네 마음속에 무슨 일이 일어났는지를 듣고 싶단 말이야!" 간략하게 말하면 "정보는 충분해, 이젠 감정을 알고 싶어." 같은 말이다.

나는 발명의 순간에 대한 감동을 대중에게 전달할 수 있도록 발표자들을 자극했다. 예를 들면 스크린에서 흐릿한 화소를 처음 보았다고 말할 때, 발표를 잠깐 멈추고 연기훈련에서 얘기하는 '내적 독백'을 해달라고 했다. 마음속 얘기를 하라는 요구였다. 이를테면 당신의 부모님이 항상 당신이 성공하기를 바랐다면 '그 순간이 부모님의 기대를 충족시켰다고 느끼는 그런 순간'이었냐는 것이다.

나노브러쉬를 발명하고 특허를 낸 비노드 비두Vinod Veedu의 경력에 대한 '그리고, 그리고, 그리고'의 이야기를 들은 후 나는 그가 자기 인생 여정의 출발점을 창조할 수 있도록 인도에서 성장할 때 마음속에 어떤 생각이 들었는지를 물었다. 그는 자기 친구들은 모두 IT 업계에 취직해 조그만 사무실에서 온종일 전화 받는 일을 한다고 말했다. 그는 그런 삶이 지루하다고 느꼈고 자신은 절대 그 발자취를 밟지 않겠다고 다짐했다.

차후 그는 미국에 가서 박사학위를 마쳤지만, 이후 나노섬유 표면을 설명하는 지독하게 지루한 직업을 가진 자신을 발견했다. 하지만 어느 날(이제부터 이야기가 시작된다!) 그는 무언가를 목격한다. 브러쉬처럼 보이는 아주 작은 구조였다. 그는 그것을 주사전자현미경으로 보기로 했다. 동료들은 그에게 시간낭비 하지 말라고 조언했지만 그는 무언가 특별하다는 것을 감지했다. 그는 현미경의 초점을 맞추고는 너무도 아름다운 무언가를 보게 되었다. 미세한 브러쉬 형태의 구조였다. 그는 그것을 '나노브러쉬'라고 명명했다.

다른 발표자에게도 그랬던 것처럼 나는 그에게 이 지점에서 내적 독백을 하라고 알려줬다. 발표를 멈추고 청중을 바라봐도 좋다고 했다. 그리고 그 순간이 당신에게 어떤 의미였는지 청중에게 알리라고 했다. 지루한 삶에 대한 두려움을 가지고 있던 당신의 유년 시절로 청중을 데리고 가 당신이 고군분투하며 겪었던 것들과 또 발명의 순간에 당신이 느낀 것을 알려주라고 말이다.

이런 것이 바로 청중이 갈구하는 '커뮤니케이션의 황금열쇠'다. 그리고 그것을 청중에게 진정성 있게 전달할 수만 있다면 청중은 보답으로 나노브러쉬를 발명하게 된 과학적 요소와 그것이 왜 가치가 있는지, 어떤 특허를 출원했는지 같은 얘기에도 귀를 기울일 것이다. 청중이 그럴 수 있는 이유는 당신이 감정적으로 그들을 자극했기 때문이다. 그리고 설사 과학적 요소를 잘 이해하지 못하더라도 당신의 얘기를 듣기 위해 최선의 노력을 기울일 것이다.

모든 순간은 나름대로 의미가 있다

얘기했던 것처럼 그것은 나에게도 '순간'이 되었다. 1994년 8월의 어느 날, 나의 첫 할리우드 연기 수업에서 처음 만난 연기 선생님의 입에서 분노와 증오의 혹독한 말들이 쏟아져 나온 그날 밤. 완전히 이해하려면 10년도 더 걸릴 혼란의 경험이었다.

그날 밤 나의 연기 파트너는 실습 도중 나에게 모욕을 줬다. 연기 선생님은 우리를 멈춘 후 나에게 달려와서 얼굴에 대고 소리쳤다(욕설은 제외하고 서술하겠다). "어떤 기분이 드냐고!!!"

나는 어깨를 으쓱하며 완전히 분석적이고 비감성적이며 냉담한 과학자의 목소리로 말했다. "모르겠어요. 그런데 그게 무슨 상관인가요?"

그녀가 이성을 잃는 순간이었다. 그녀는 비명을 질렀다. "내 수업에서 화날 수도 있고 슬플 수도 있고 기쁠 수도 있는데 감정이 없는 건 금물이라고! 누가 감정이 없는 사람의 얘기를 듣고 싶어 하겠어!!!"

바로 그 순간이 내 삶을 바꾼 순간이었다. 그리고 20년이 지난 지금 그 순간이 다시 찾아온 것이다. 내 머리의 스위치가 켜졌다. "제발 로봇처럼 굴지 마세요. 딱딱하고 사무적인 요소 말고 우리의 마음에 들어올 만한 감정적인 걸 좀 말해달라고요!" 그녀와 똑같은 피드백을 발표자들에게 얘기해주는 순간(나는 훨씬 친절한 말투로 했다) 끔찍한 여인의 환영이 내 앞에 어른거렸다.

어떤 일이 벌어졌을까? 그들은 과연 내 말을 들었을까? 아니면 나에게 반기를 들고 논쟁을 벌였을까? 내 조언을 무시했을까? 아니다. 그들은 나의 피드백을 모두 수용했고 발표에 활용했다.

세 시간 뒤, 공식적 발표시간 동안 나는 뒷자리에 앉아 눈물과 충격으로 그들의 발표를 지켜봤다. 2장에서 과학자들은 말을 듣지 않는다고 말했던 걸 기억하는가? 《말문 트인 과학자》를 평한 사람이 그것을 과학지에 실었다고 했던 걸 기억하는가? 이 과학자들은 달랐다. 무슨 일이 벌어진 거지? 책의 마지막 부분, '완벽한 과학자' 만들기를 언급할 때 다시 여기로 돌아오도록 하겠다.

사례연구 3

리즈의 노트

ABT는 때로 즉각적인 희열을 선사한다. 한 번만 보고도 몇 분 안에 이것을 적용할 수 있는 사람들이 많이 있다. 프린스턴대학교에서 강연할 때 마지막 질의응답 시간에 한 석사생이 이렇게 말했다. "선생님의 강의를 들으며 제 학위논문에 ABT를 적용해 봤습니다. 이걸 3년 전에 배웠다면 큰 도움이 됐을 텐데요." 정말 많은 성공사례가 있다. 커뮤니케이션에 ABT를 사용하여 이점을 누린 사람들이 보내온 많은 이메일 중에 또 하나의 사례를 소개하고자 한다.

리즈 풋Liz Foote은 해상 보호지구를 만들어서 하와이 섬들의 해양생태계를 보호하고자 하는 프로젝트 S.E.A. 링크의 팀장이다. 2014년 봄에 호놀룰루의 해양과학 미팅에서 강연한 이후, 그녀는 내게 이메일을 보내 자신의 발표에 ABT를 어떻게 활용했는지를 상세히 말해줬다.

"제 발표는 여러 개의 작은 ABT들로 구성된 것이었어요. 대부분 글보다는 사진을 활용했죠. 저는 발표문을 작성하면서 그걸 즐기고 있는 나 자신을 발견하고 좀 놀랐어요. 그리고 강연에서 통상적인 파워포인트가 아닌 것을 새로운 방식으로 전달할 생각에 가슴이 벅찼죠. 저는 평상시에 하지 않는 행동까지 했어요. 연습을 엄청 많이 했거든요. 그러면 나 자신도 발전하고, 강연을 그냥 그럭저럭 해내기보다는 나의 색깔도 보여주면서 그만큼 청중의 집중도 높아질 수 있을 거라고 생각했어요. ABT로 구성을 다시 잡은 발표문은 기억하기도 쉬워서, 저는 필기에 기대는 로봇이 아닌 정말 살아있는 사람처럼 발표할 수 있었어요."

구성을 다시 잡은 발표문이 기억하기도 쉬웠다는 그녀의 말은 정말 중요한 것이다. 그것이 바로 ABT의 순환성이다. 당신의 뇌는 그렇게 사고하고, 논쟁하고, 추리하고, 기억하도록 프로그래밍 되어있다. ABT 구조를 제대로 잡으면 사람들이 당신의 주장을 따라가기 쉬울 뿐 아니라 당신도 그것을 기억하기 쉬워진다.

그녀가 덧붙였다. "15분짜리 발표에 그냥 전화통화로도 할 수 있는 '우리가 한 것은 이것이고 이유는 저것입니다' 같은 이야기가 아닌, 흥미로운 구성으로 청중의 마음에 남을 수 있는 발표가 가능하다는 용기와 지식을 주셔서 정말 감사합니다."

그녀의 한 방은 '슬픈 키아누' 슬라이드였다. 그녀는 마우이의 해양 보존지구에 설치된 표지판들이 얼마나 엉터리인지를 얘기하면서 키아누 리브스Keanu Reeves가 슬픈 표정으로 그 표지판을 바라보는 슬라이드를 보여줬다. (왜 하필 키아누냐고? 구글에서 '슬픈 키아누 밈Sad Keanu meme'을 검색해보기 바란다.) 이메일을 마치면서 그녀는 "슬픈 키아누 슬라이드가 어색한 것이 아니라 많은 사람의 웃음과 격려를 자아냈다는 것은 덤이었어요."라고 말했다. 무엇을 더 바랄까? 슬픈 키아누 슬라이드로 정곡을 찔렀을 때 그녀는 커뮤니케이션의 정점에 오른 것이다.

사례연구 4

제임스 왓슨과 영웅의 여정

내가 읽은 최고의 과학서적은 제임스 왓슨의 《이중나선》이다. 학부 때 읽었지만 나는 아직도 그 서적의 여러 부분, 특히 왓슨과 크릭이 DNA 구조를 발견하기 위해 다른 연구소와 경쟁했던 플롯의 전환점을 선명하게 기억한다. 오래전의 이야기를 선명하게 기억한다는 것은 서사 구조가 그만큼 좋다는 것을 의미한다.

《말문 트인 과학자》의 스토리텔링에 관한 마지막 장에서 나는 2008년 할리우드의 한 행사에서 닐 디그래스 타이슨Neil deGrasse Tyson•이 했던 대단한 이

• 닐 디그래스 타이슨 미국의 천체물리학자. 1958년 출생하여 1996년에 미국 자연사박물관 부설 헤이든 천문관의 최연소 관장으로 취임했다. 미국의 우주 정책 수립에 주도적인 역할을 맡고 있는 사람 중 하나로, 최근 국제천문연맹에서는 우주 연구에 관한 공헌을 기려 그의 이름을 따 소행성 중 하나의 공식 명칭을 '13123 타이슨'으로 정하기도 했다. 《오리진》을 비롯해 《날마다 천체 물리》, 《멀린의 우주여행》 등 여러 저술 활동을 펼치고 있다.

야기를 언급했다. 그가 〈타이타닉〉을 처음 보고 느낀 점으로, 그의 이야기는 완벽한 서사 구조를 갖추고 있었다. 그는 영화를 보고 너무 좋아했고(탄생), 배가 가라앉는 장면에서 하늘에 떠 있는 별자리에 오류가 있는 것을 발견했다(죽음). 그리고 감독은 그것을 수정한 뒤 그에게 감사를 표했다(부활).

일 년 후 나는 워크숍에서 그 이야기를 참가자들에게 해준 뒤, 워크숍 마지막 날에 그 이야기를 기억하는 사람이 있는지 물어봤다. 모두가 손을 들었다. 한 사람은 그 이야기를 완벽하게 읊기까지 했다. 그것은 완벽한 서사 구조의 순환성을 보여주는 사례였다. 사람들은 이야기를 완벽하게 흡수하여 정확하게 기억했다. 다시 언급하지만, 이것은 서사 구조의 영향력과 중요성을 보여주는 좋은 사례다.

그래서 생각했다. 내가 왓슨의 책을 얼마나 즐겁게 읽었으며 또 그 내용을 얼마나 기억하고 있는지(수없이 많은 과학서적을 읽었지만, 내용의 핵심을 설명할 수 있는 책은 거의 없다)를 생각했을 때《이중나선》도《영웅의 여정》을 따랐을까? 이것을 탐구하기 위해 나는 놀랍도록 명석한 스테파니 인(전에 언급했던 브라운대학교에서 저널리즘을 전공한 재원으로 대학원에 진학하기 전 1년 동안 나와 함께 일했다)에게 그 책을 읽게 하고《영웅의 여정》양식과 일치하는지 봐달라고 부탁했다. 결론부터 얘기하면 너무너무 일치했다.

다음은 그녀가 쓴 글로, 나는 이것을 블로그에 올렸다.

"분자생물학자의 여정: 이중나선의 해체"

스테파니 인

《이중나선》을 읽으면서 나는 솔직담백한 왓슨의 글솜씨에 충격을 받았다. 마치 친구의 편지를 읽는 것처럼 친숙함을 느끼면서 몇 배나 즐겁게 읽을 수 있었다. 왓슨은 결점 있는 프로타고니스트의 모든 요소를 갖추고 있었다. 그는 젊고, 무모하고, 명예의 지름길을 물색하면서 유럽 상류층 사교계의 유혹에 빠져있었다. 그의 결함들은 그를《영웅의 여정》을 따르도록 만들었다.

커넥션 스토리메이커 로그 라인을 사용해 그의 여정을 정리해 보았다.

평범한 세상의 결점 있는 프로타고니스트

평범한 세상에서 제임스 왓슨은 조류연구에 주된 관심이 있는 시카고 대학교의 젊은 과학자다. 그는 명성에 목이 말라 성공의 지름길을 찾고 있다(고급 화학이나 물리, 또는 수학 과목의 수강을 피하면서).

그는 조류학을 연구하다 유전자에 대한 궁금증을 가지기 시작했다. 분자생물학자인 살바도르 루리아Salvador Luria의 조언으로 그는 인디애나대학교 석사과정에 진학했다. 그때부터 DNA에 관심을 가지기 시작했지만, 화학 과목은 계속 피했다.

촉매가 된 사건

1951년 봄에 나폴리의 콘퍼런스에 참석해 킹스 칼리지의 물리학자이자 분자생물학자인 모리스 윌킨스Maurice Wilkins의 엑스레이 회절법에 관한 발표를 들은 후 그의 삶은 전환점을 맞이한다. 그는 이런 콘퍼런스가 학문교류 못지않게 인맥 형성과 사교의 장이라는 것을 알게 된다. 그는 이렇게 적었다. "중요한 사실이 나의 머릿속을 파고들었다. 과학자의 삶이 학문뿐만 아니라 사교적으로도 흥미로울 수 있다."

한숨 돌린 후 영웅은 행동을 취했다

한숨 돌린 후 왓슨은 DNA 구조를 파악하기 위해 화학을 배우기 시작했다. 그는 엑스레이 결정학을 배우기 위해 케임브리지대학교에 진학하기로 마음먹는다. 거기서 그는 DNA에 관심 있던 프랜시스 크릭을 만나 친해진다. 왓슨은 이렇게 적었다. "연구실에 간 첫날 나는 케임브리지에 오래 있을 거라고 직감했다. 프랜시스 크릭은 만나자마자 대화가 통하는 사람이었다. 여길 떠난다는 건 바보 같은 짓이다. 맥스 페루츠 연구소Max Perutz labs에서 DNA가 단백질보다 더 중요하다는 사실을 알고 있는 누군가를 만난 건 행운이 아닐 수 없다. 점심식사 때의 우리 대화는 유전자가 어떻게 구성되었는가에 관한 것이었다.

왓슨과 크릭은 생물화학자인 라이너스 폴링Linus Pauling이 단백질의 구조를 이해하기 위해 엑스레이 사진과 모형을 병합한 방법으로 DNA 구조를 밝혀내기로 했다. 왓슨은 이렇게 적었다. "내가 합류하고 얼마 안 지나서 무엇을 해야 할지 명확해졌다. 라이너스 폴링의 방법을 모방해서 그보다 더 유명해지는 것이다. 유전자 얘기만 하는 내가 연구실에 있으니까 프랜시스는 DNA에 관한 생각을 뒤로했다……. 그는 아주 중요한 문제를 해결하는 데 도움을 줬기 때문에 그가 일주일에 단 몇 시간만 DNA 생각을 한다 해도 뭐라 할 일은 아니다."

상황은 고조된다

얼마 후 왓슨과 크릭은 연구가 한고비를 넘었다고 생각한다. 그들은 DNA가 Mg^{2+} 이온으로 결성된 인산염으로 이루어진 3중 나선이라고 믿었다. 하지만 같은 시기에 DNA를 연구하던 모리스 윌킨스와 로절린드 프랭클린 Rosalind Franklin이 왓슨과 크릭의 초대로 케임브리지를 방문해서 3중 나선 주장에 문제가 있다는 것을 즉각 알아챘다. 그들의 논리는 박살이 났고 신용을 잃었으며 윗선에선 DNA 연구를 그만두라고 종용했다. 왓슨은 이렇게 적었다. "우리는 모형을 쳐다보기도 싫어졌다. 신비로운 느낌도 사라졌고 임시변통한 인 원자도 아무런 가치가 없는 듯 느껴졌다. 이제 DNA 연구 중단에 관한 열쇠는 맥스가 쥐게 되었다."

안타고니스트와 대적하고 목표를 달성하려면 영웅은 교훈을 얻어야만 한다

경쟁자인 모리스 윌킨스와 로절린드 프랭클린 그리고 라이너스 폴링보다 먼저 DNA 구조를 밝히기 위해서 왓슨은 시간을 두고 화학과 수학을 더 깊이 배워야 했고 결과를 서두르거나 지름길로 가고 싶은 유혹을 뿌리쳐야 했다. 한동안 왓슨과 크릭은 DNA 연구를 줄이고 다른 연구에 집중했다(왓슨은 담배 모자이크 바이러스의 구조에 집중했다).

그 기간 동안 왓슨은 학술논문이나 세미나 서적을 파고들며 화학 공부에 엄청난 시간을 투자했다. 그는 이렇게 적었다. "나는 어둡고 추운 시간을 DNA에 대한 해답을 얻을 수도 있다는 기대로 화학 논리를 배우거나 학술논문을 뒤지는 데 썼다. 내가 가장 많이 찾은 서적은 프랜시스가 가지고 있던

《화학결합의 섭리The Nature of the Chemical Bond》였다. 프랜시스는 결정적인 결합길이를 봐야 할 때면 존 켄드루John Kendrew가 실험할 때 쓰라고 내게 준, 연구실 벤치에 놓여있는 그 책을 항상 찾아봤다." 왓슨은 엑스레이 기술을 연마하고 자기가 공부한 내용이 맞는지 참고서적과 동료들을 통해 항상 확인했다.

윌킨스와 프랭클린의 사건에서 얻은 교훈으로 왓슨과 크릭은 DNA 구조를 밝혀냈다고 다시 믿는 시점(이번엔 진짜였다)에서는 절대 가설에 관한 방심을 하지 않았고 정확한 좌표가 아니고서는 연구의 내용을 외부에 알리지 않았다. 왓슨은 이렇게 적었다. "모든 원자의 좌표를 파악하기 전까지는 연구를 비밀로 하는 게 맞다. 성공적인 원자접촉에 속아 넘어가기가 정말 쉽다. 각각이 허용치로 보여도 전체 수집은 불가능하다. 뉴클레오타이드 내 모든 원자의 상대적 위치를 파악하기 위해 며칠은 다림줄과 체적계와 씨름해야 한다."

책의 마지막에서 왓슨과 크릭은 DNA의 구조를 성공적으로 예측했으며 왓슨은 과학자(화학과 수학에 대한 깊이나 참을성과 신중함까지)뿐만 아니라 한 인간(더는 한순간의 명성이나 사교에 휘말리지 않는)으로도 많이 성장한 것 같았다. 그는 누이와 함께하는 파리여행 중에 책을 마무리한다. 《이중나선》의 마지막 문장에 그는 이렇게 말한다. "이제 나는 혼자 있다. 생제르맹데프레의 긴 머리 소녀들을 바라보면서. 그리고 생각한다. 그녀들은 나와는 어울리지 않는다고. 나는 25세이고, 튀기에는 이제 너무 많은 나이이니까." 그 순간 그는 새로운 여정의 페이지를 연 것이다. 바로 이거다. 《이중나선》이 《영웅의 여정》 영향력의 한 사례인 것이다(스테파니 인의 효율적인 요점정리 또한 마찬가지다).

항간엔 왓슨의 책이 계속 유명한 것은 생물학의 역사상 가장 중요한 발견에 관한 이야기이기에 어떻게 전달하든 흥미로운 내용 때문이라는 주장이 있다. 하지만 그런 주장은 조지프 캠벨에 대한 지식이 없다는 것을 스스로 드러내는 일이다. 만일 그 책이 서사적 역량이 떨어지는 사람에 의해 집필되었다면 다른 무수한 과학서적들처럼 밋밋한 AAA 구성으로 흘러갔을 것이다.

왓슨은 달랐다. 그는 내가 과학자들이 반드시 개발해야 한다고 주장하는 서사적 직관이 있었다. 그는 스티븐 제이 굴드가 25년 동안이나 《자연사Natural History》지에 매달 기고한 저널에서 보여 준 서사의 힘을 자신의 책에서 보여주었다. 이것이 바로 서사적 직관의 힘이다.

아이들에 대한 마지막 글

반정립 부분을 마무리하고 대망의 종합 부분으로 넘어가기 전에 마지막 글을 남긴다. 요즘 아이들은 이야기에 관한 요소를 어른보다 훨씬 잘 흡수한다. 이야기의 세상에 살고 있기 때문이다. 정보 쓰나미가 아직은 그들의 정서적 요소를 대체하지 않았다. 그들은 어른보다 덜 부정적이고, 여러 개의 '그리고'로 구성된 이야기에도 관대하다.

나는 이를 미국 국립공학아카데미가 우수한 6~9학년들을 대상으로 지원하는 워크숍을 진행하면서 느꼈다. 그들은 디즈니 브로드컴 마스터 프로그램이라는 경진대회에서 선발된 학생들이었다. 나는 그들이 개별적 프로젝트의 발표문을 작성하는 걸 한 시간가량 도우면서, 프로젝트의 설명을 위해 9개의 빈칸이 있는 로그 라인 표를 사용했다. 첫 번째 줄에 앉은 학생들부터 차례로 자료를 나눠준 뒤 앞으로 와서 설명하려다 그만 깜짝 놀랐다. 설명도 하기 전에 이미 그것을 작성한 아이들이 반도 넘었다. 그들은 '프로타고니스트'란 단어를 보자마자 그것이 이야기의 세계에서 온 것, 특히 그들의 삶을 잠식한 슈퍼히어로 이야기와 흡사하다는 걸 직감했다.

워크숍에 참여하는 성인들과는 대조적이다. 성인들은 "뭐라고?", "이게 뭐지?", "내 일과 무슨 상관이 있는 거지?" 같은 말을 자주 한다. 불안함과 신경과민의 기미도 자주 목격된다.

하지만 아이들은 그저 "아, 이거?"라는 반응뿐이다. 생각해볼 가치가 있다. 어릴 때는 당신에게도 쉬웠던 일이다. 그런데 지금은 왜 이러는 거지? 어떻게 하면 그때로 다시 돌아갈 수 있을까?

유소년기의 성장배경을 돌이켜보면 가능하지 않을까? 저런, 진화생물학의 뚜껑이 열리기 전에 빨리 다음으로 넘어가자.

IV

이제 과학계는 이야기 공포증으로부터 해방될 때가 왔다.
과학은 관찰과 실험을 통한 지식의 집합을 근본으로 하는 학문이다.
그것은 논리적이고 이성적이어야 한다.
이야기나 서사, 그리고 스토리텔링이란 단어들을
두려워해야 할 이유가 없다.

종합

ABT:
Always Be Trying,
새로운 것

해수면 상승 패널의 전날 밤, 두 과학자와 나는 우리 발표가 완전히 망할지도 모른다며 낄낄거렸다. 예행연습을 해볼 시간도 없었고 PPT 파일만 있을 뿐 마지막 수정도 없었다. 하지만 우리는 새로운 도전의 잔을 부딪쳤다.

이 경험에서 나에게 가장 중요한 것은, 우리 협업의 성공은 두 분이 할리우드 생활로 오염된 나에 대한 경계를 허물고 끝내 믿어주었기 때문에 가능했다는 사실이다. 두 분은 두려움을 극복하고 내가 엉터리가 아니라는 직감을 가졌던 것이었다. 그래서 나는 이 책뿐만 아니라 학문에서 할리우드까지의 내 25년 여정의 종합으로, 알기 힘든 인간의 두려움과 직감에 대한 특성을 언급하며 이 장을 시작하려 한다.

나는 정년보장을 포기했다. 정년보장이 뭔지 잘 모르는 사람들을 위해 설명하자면 본인이 할 수 있을 때까지 4대 보험이 적용되는 교수직을 보장받는 것이다. 이것은 모든 학자가 갈구하는 자리이며 성공한 교수들의 더없는 성취다.

해양생물학 정년보장 교수직을 떠난 이후 20년이 넘는 시간동안 가장 많이 받은 질문은 다음과 같다. "안정적인 정년보장을 포기하면서 두렵지 않았어요?" 학계에 관련된 사람들일수록 상식을 깨는 나의 행동에 더 당황하고 놀라기 일쑤였다. 그들이 물었다. "왜 그토록 성취하기 어려운 평생의 안정을 이루자마자 도로 내놓는 거죠?"

이유는 많다. 이혼과 같은 사적 문제도 있었고 직업적인 문제도 있었다. 나는 해양생물학자로서 꿈꿨던 모든 걸 이루고 경험했다고 느꼈다. 하지만 내 행동의 가장 큰 이유는 내 직관이 그렇게 이끌었기 때문이다.

어떤 과학자들에겐 가장 끔찍한 소리일 수 있다. 그래서 설명을 덧붙이고자 한다. 나는 파티에 가서 누군가를 만날 때면 정년보장을 포기한 일이 마치 즉흥적이고 광적인 반항심으로 생물학과 건물을 뛰쳐나왔던 것처럼 영화에나 나올 법한 상징적 대사를 읊으며 장난을 쳤다. "난 정년보장을 헌신짝처럼 버렸다고." 하지만 진실은 그것과 상당히 거리가 있다.

사실 나는 그 인생의 전환점에 진정한 과학자의 예리함과 완벽함으로 체계적 접근을 했다. 교수 2년차에 나는 할리우드로 답사를 다녔다. 수요일 밤에 보스턴에서 비행기를 타고 선셋 대로의 하얏트 호텔에서 묵은 뒤, 다음날 여러 미팅을 하고 밤에는 저녁 식사나 파티를 찾아다니며 탐색한 후 일요일에 집에 돌아가 월요일 강의 준비를 했다. 나는 그런 답사를 4년 동안 8번이나 했다. 그러면서 강의를 계속했고, 해양생물학 연구도 했고, 단편영화도 만들었고, 영화제에서 상도 받았고, 보스턴과 록포트, 그리고 메인에서 영화 워크숍도 들었고, 책과 시나리오도 썼다. 그러던 중 교수 5년 차에 희한한 일이 벌어졌다. 과학 커뮤니케이션에 더 깊이 들어가고 싶어졌던 것이다. 나는 어디로 가야 할지 이미 알고 있었다. 나는 남가주대학교 영화과에 지원해 합격했다.

하지만 약속된 건 하나도 없었다. 내가 계획한 게 성공하리란 보장도 없었고 참조할 자료도 없었다. 나는 그동안 쌓아온 모든 연구 경험을 모아 직관에 의존할 수밖에 없었다. 《말문 트인 과학자》에서 자세히 언급했던 것처럼 힘든 시기도 여러 번 있었다. 하지만 대부분은 예상을 크게 벗어나지 않았다. 내가 직관의 힘과 중요성을 믿는 이유도 아마 그래서일 것이다. 세상의 복잡한 문제들은 절대 예견할 수 있는 것들이 아니다(기후학자들에게 물어보시라).

직관만이 두려움 없이 미지를 뛰어넘을 수 있는 유일한 희망이다. 이것이 나의 전체 여정의 요약이다. 직관을 빼면 내 여정에서 이해가 가는 부분은 하나도 없다.

오늘날의 과학계는 연구(허위 긍정과 뚜렷한 결과가 없는 연구의 배제)와 커뮤니케이션(지루한 발표가 본의 아니게 과학에 대한 불신으로 이어지는) 문제에 봉착해있다. 이 두 문제의 이면에는 서사적 직관의 결여가 존재한다. 이제는 할리우드에 대한 반감과 이야기에 대한 두려움을 벗어나서 과학 세계의 서사적 직관을 개발해야 할 때다.

12

과학도 이야기가 필요하다

아직도 서사의 세계다

서사는 4,000년 동안 크게 변한 게 없다. 길가메시의 이야기를 바위에 새겼을 때부터 지금까지 세계는 서사로 이루어져 있다. 당신은 온종일 서사의 세계에 살고 있다. 친구의 지난여름 가족여행 얘기를 들을 때도, 뉴스를 들을 때도, 텔레비전을 볼 때도 전부 서사가 가득하다. 소통시간이 훨씬 더 빨라진 오늘날에도 이야기는 여전히 갑이다. 오늘날 성공한 영화인에게 한번 물어보시라.

끊임없는 이야기의 힘은 존스홉킨스대학교의 연구자로서 지난 2년간의 슈퍼볼 광고를 검수했던 키스 퀘센베리Keith Quesenberry의 2014년 연구를 통해 입증된다. 성공한 광고의 가장 중요한 요소는 깜찍한 동물이나 관능적인 육체를 제치고(벌써 짐작했겠지만) 바로 이야기의 힘이었다.

이야기의 힘을 비교해 볼 수 있는 예가 있다. 지구온난화에 대한 미국의 두 장편영화가 흥행에 성공한 바 있다. 하나는 과거 대통령 후보였던 알 고어* 가 인간이 얼마나 환경을 변질시켰는지와 그 결과를 설파하는 내용의 다큐멘터리, 〈불편한 진실An Inconvenient Truth〉이다. 그것은 전형적인 '그리고, 그리고, 그리고' 발표다.

다른 영화인 〈투모로우〉는 픽션으로 인간으로 인한 급격한 기후변화에 대처하는 이야기다. 적법한 과학은 영화 어디에서도 찾아볼 수 없지만 좋은 서사 구조는 있다. 그 핵심에는 탄탄하고도 긴장감 있는 ABT 구조가 있다. 하슨의 fMRI 연구에 사용된 히치콕 영화 클립과도 같은 것이다.

AAA 영화는 2,500만 달러의 흥행수익을 올렸다. 반면 ABT 영화는 1억 8천 600만 달러의 흥행수익을 올렸다. 대중은 여전히 좋은 이야기를 선호한다.

맞다. 픽션 영화는 어처구니없는 엉터리 과학투성이다. 로스앤젤레스의

* 알 고어 1948년 미국 워싱턴에서 태어났다. 미국의 45대 부통령을 지냈으며 퇴임 이후에도 세계 각지를 돌며 환경운동가로 활동하고 있다. 2000년 미국 대통령 선거전에 민주당 대통령 후보로 출마하여 공화당의 조지 부시에게 패배하였다. 환경 관련 저서로 《위기에 처한 지구》(1992), 《불편한 진실》(2006) 등이 있으며, 동명의 다큐멘터리 〈불편한 진실〉을 포함한 여러 환경 관련 다큐멘터리의 각본에도 참여했다. 2007년 노벨평화상을 수상했다.

매진된 극장에서 그 영화를 봤는데, 고기후학자인 책 홀로 분한 데니스 퀘이드Dennis Quaid가 낯부끄러운 대사를 할 때 관객이 배꼽을 잡고 웃기는 했어도 영화는 큰 성공을 거뒀다. 이 현상을 보면 강한 이야기 구성이 그 내용과는 별개로 여전히 성공적인 커뮤니케이션의 원동력이라는 사실을 알 수 있다.

아직도 서사의 세계다. 세상만사에 이야기가 엮여 있는데 왜 이를 두려워하랴? 이것은 내가 이 책 전체를 통해서 묻고 싶은 가장 중요한 질문이다.

이야기 공포증:
이야기에 대한 불합리한 두려움

이야기 공포증Storyphobia이란 단어는 아무래도 내가 만들어 낸 듯 하다. 구글에 검색해 봐도 아무것도 나오지 않는다. 하지만 이것은 꼭 필요한 단어다. 전에도 언급했던 것처럼 나는 이 주장에 대한 대가를 치른 적이 있다(《뉴 사이언티스트》지의 평론가가 나에게 '더 좋은 이야기를 만들려고 과학을 왜곡했다'는 잘못된 누명을 씌운 사건으로 말이다).

2013년도에 《네이처 메소드Nature Method》는 과학 논문의 작성에 스토리텔링이 하는 역할에 대한 사설 시리즈를 연재했다. 그중 하나인 MIT의 신경생리학자, 야든 카츠Yarden Katz가 쓴 〈과학의 스토리텔링에 대한 저항Against Storytelling of Scientific Results〉은 이야기 공포증의 명확한 증거다. 카츠는 과학에서 스토리텔링을 철저히 배제하라고 탄원한다. 그는 이렇게 말했다. "훌륭한 이야기꾼은 관객의 반응을 끌어내기 위해 정보를 숨기고 포장한다." 하지만 그는 '이야기꾼'을 어떤 의미로 해석했을까?

모든 것이 헤겔 변증법의 3부 구성으로 회귀한다는 나의 전제를 수용한다면 카츠가 이야기꾼에게 던지는 비방은 비상식적이다. 더 세심하게 얘기할 수도 있었다. 이를테면 "내가 의미하는 '이야기꾼'은 허구를 이야기하는 사람을 의미한다."처럼 말이다.

이것으로 우리는 드디어 과학에서 이야기의 의미가 무엇인가에 대한 논란의 핵심으로 접어들었다. 이야기와 스토리텔링, 그리고 서사의 의미에 대한 명확성이 부족하다는 생각이 든다. 이 책에서 그 표현들을 아주 많이 사용했지만, 전후 배경 없이 의미를 설명했다면 이해하기가 어려웠을 것이다. 이제 여러분 모두 전후 배경을 알았으니 이 단어들의 정확한 의미를 설명하기로 하겠다.

이야기와 스토리텔링, 그리고 서사의 정의

커넥션 스토리메이커 워크숍의 동료 강사인 브라이언 팔레르모는 몇 차례의 워크숍 진행 후 나의 옆구리를 쿡쿡 쑤시기 시작했다. 이야기란 단어의 정의를 정확히 설명해야 한다고 말이다. 워크숍 참가자들이 어떤 문제에 봉착해 있는지 완전히 이해하지 못한 상황에서 나는 '이야기'가 기존의 정의로 명확히 설명하기엔 예술적 요소가 너무 많다고 반발했다. 그런 나의 의견에 어느 정도는 동의할 것으로 생각한다. 이 시점에서 당신은 "이 세 단어의 정확한 의미는 뭐지?"에 대한 답을 주저 없이 외치기 힘들지도 모른다. 누구든 '이야기'의 의미가 무언지 대략은 이해하겠지?

잠시 멈춰보자. 더는 생각하지 말고. 이 질문에 대한 답은 "아니오!"다.

사람들은 통상적으로 이 단어를 이해한다고 가정한다. 학술문헌에서도 말이다. 커뮤니케이션 교수인 마이클 달스트롬Michael Dahlstrom이 2014년도에 쓴 글을 예로 들어보자. 그는 "스토리텔링은 과학 분야에서 나쁜 평을 받는다."라는 말로 서두를 시작한다. 이 말은 카츠의 사설에 근거를 두고 있다. 하지만 달스트롬은 이어서 "대부분은 '이야기'의 의미를 전래적으로 알고 있다."는 말로 내가 지적하려는 문제의 핵심을 드러낸다. 이 책의 목적이 여기에 있다.

다시 말하지만, 사람들은 이야기의 의미를 모른다.

휴스턴,
문제가 생겼어

여정을 마치는 시점에서 이것은 내가 여러분에게 전달하려는 가장 큰 메시지다. 과학에서 대두되는 이야기에 대한 문제는 과학자들이 이야기가 뭔지 모른다는 데 있다. AAA 구성을 작성하는 대부분은 자기가 이야기를 하고 있다고 생각하지만, 착각이다. 적어도 내가 생각하는 이야기의 의미와는 다르다. 이런 자각을 하게 해준 브라이언에게 감사의 마음을 전한다.

나는 '서사' 또는 '이야기'를 '문제를 해결하는 과정에서 벌어지는 사건들'로 정의한다. 캠벨의 원형모델을 떠올려보자. 문제와 해결에 대한 모델로, 과학연구도 그것과 동일 선상에 있다고 언급했던 것을 기억할 것이다.

그렇다면 '이야기꾼'은 문제를 해결해나가는 과정에서 벌어지는 사건을 전달해주는 사람이라고 정의해도 무리가 없을 것이다. 이제 과학에서 이야기가 왜 문제가 되는지 보이기 시작할 것이다. AAA 구조를 고집하는 사람은 문제를 명확히 제시하지 못해서 문제해결의 과정에 발생하는 사건들도 명확하게 제시하지 못한다. 그들은 그저 정보들만 나열하는 것이다. 벽돌공장에서 완벽한 벽돌을 만들었지만, 그것이 무슨 용도인지 모르는 형국과 같다.

저명한 과학 학술지에 게재된 논문들은(달스트롬의 글은 미국 국립과학원의 회의록에 실려 있다) 독자가 모든 내용을 알고 있다는 전제하에 작성되었다. 이것이 그 사실이 문제의 핵심을 보여준다. 과학자들이 IMRAD가 무엇의 약자인지 알지 못하지만, 그 사실이 과학 연구를 행하는 데 치명적이지는 않다. 다만 언제나 IMRAD를 사용해 왔으면서도 그것을 알지 못한 채 이야기의 사용을 거부하는 과학계를 반영할 뿐이다. 사실상 거기에도 아이러니가 있다. 카츠의 사설 서두에 굉장히 보편적인 ABT 구조가 보이고 두 번째 문장은 '하지만'으로 시작한다.

현재의 과학계에는 이야기나 서사, 그리고 스토리텔링에 대한 거대한 물결이 일고 있다. 하지만 이 단어들에 명확한 정의로 접근하는 경우는 보지 못했다. 오늘날 이야기란 단어는 그 내용이 무엇이든 사람들의 말하는 행위를 대변하기 위해 널리 사용된다. 정말 아무것에나 말이다. "교수는 G 단백질의 형성에 분자들이 어떻게 모이는지에 대한 이야기를 시작했다." 이 예시에서, 만일 교수가 말한 게 정보뿐이라면 그것을 이야기라고 할 수는 없다. 문제는 그곳에 있다.

아곤:
이야기 공포증의 치료

이제 과학계는 이야기 공포증으로부터 해방될 때가 왔다. 과학은 관찰과 실험을 통한 지식을 근본으로 하는 학문이다. 그것은 논리적이고 이성적이어야 한다. 이야기나 서사, 그리고 스토리텔링이란 단어들을 두려워해야 할 이유가 없다.

과학계에서 거짓말, 위조, 현혹, 허위, 과장 등의 단어들은 두려워해야 할 이유가 너무도 명백하다. 사실 이런 요소들이 포함된 서사가 있지만 정확하고 사실적이며 신뢰감 있는 서사도 많이 있다.

비활성의 논리적 요소로 구성되었다는 의미를 지닌 고대 그리스인의 극장 개발이 '아곤Agon'이라는 단어에서 비롯된 것을 보면 그들도 그 사실을 알고 있었던 것 같다. 아곤은 '무언가'에 대한 토론이나 논쟁을 의미하는 단어로, 문제 상황에서 기존과 다르거나 반대되는 해결책을 추구하는 일이다. 그리스인들은 그것을 따라 희곡을 썼고, 이 두 가지 측면을 묘사하기 위해 프로타고니스트와 안타고니스트라는 두 가지 핵심단어를 만들어냈다. 그리스인들의 연극개념은 선과 악의 대립이 아니라 진실을 찾는 데 있어서의 두 가지 측면, 즉 '무언가'에 대한 두 가지 접근방식이었다. 어느 한쪽에도 도덕적 가치가 부여되지 않았다.

그런 진실을 찾아가는 과정이 바로 그리스 연극이었다. 르네상스를 지나 몇 세기 후 교회는 도덕, 예수 수난, 기적에 관한 극으로 극장을 부활시키며 프로타고니스트와 안타고니스트에 각각 선과 악이라는 도덕적 가치를 부여했다.

이에 나는 다시 고대 그리스로 돌아가자고 주장한다. 도덕적 잣대에서 벗어나 진실을 찾아가는 과정은 과학이 추구하는 것과 같기 때문이다. 과학계의 이야기 공포증은 교회가 고대 그리스의 연극을 바꾼 것 못지않게 불합리하다. 과학계도 그 유해성을 인식해야 한다.

이야기에 대한 과학계의 인식개선은 이야기나 스토리텔링, 그리고 서사라는 단어들의 본질이 선하거나 악한 것이 아니라는 사실을 수긍하는 것에서부터 시작될 수 있다. 그것은 마치 $E = mc^2$ 공식처럼 가치를 부여하기 힘든 것이다.

이야기가 두려워할 대상이 아니며 모든 것의 근원이 된다는 것, 그래서 과학계가 도움이 필요하다는 주장에 동의한다면 과학계가 서사나 이야기를 더 깊이 이해할 수 있도록 현재의 문제점을 파악하고 그 해결법을 찾아보도록 하자.

13

그리고 할리우드가 도움을 줄 수 있다

나는 할리우드가 서사 구성의 문제를 해결할 수 있는 실질적인 지식을 가지고 있다고 믿는다. 하지만 할리우드와 학계의 문화적 차이가 너무 크다. 나는 할리우드에 입성하자마자 학자에 대한 차별을 경험했다. 영화학교에 재학하는 동안 나는 PhD 소지자라는 사실을 숨겼다. 고학력일수록 '머리로만 생각하고', '과도하게 뇌를 쓰며', '생각을 너무 많이 하는' 행동을 지적하는 레드카드가 적용된다. 모두 할리우드 영화산업이 지양하는 요소다.

이러한 문화적 차이는 할리우드에서 생활하고 일하면서 목격한 것이다. 만일 과학자와 할리우드 관계자들을 한자리에 모으는 일일 행사가 있다면 당신은 아마 할리우드 관계자들이 너무 좋고 친절하며 과학에도 관심이 많다고 생각할 것이다. 하지만 긴 시간을 경험하면 상황은 달라진다. 그것도 매우 많이.

다행스럽게도 과학은 1800년도 후반에 에드워드 머이브리지Edweard Muybridge가 모션 픽처 상영의 초기형태인 주프락시스코프zoopraxiscope•를 세상에 내놓은 시기부터 영화산업의 핵심을 차지했다. 지난 한 세기 동안 영화산업에 과학이 기여하는 비중이 증가했다. 오늘날 국립 과학 아카데미는 과학과 엔터테인먼트 교환 프로그램(영화와 텔레비전 종사자들과 과학적 조언을 줄 수 있는 과학자들을 연결해주는 프로그램)으로 할리우드와 협약을 맺었다. 나도 2008년에 그 프로그램에 참여했었다. 대부분 영화인은 과학에 애정이 있고 과학자들은 영화에 큰 호기심이 있다.

이런 역사와 두 분야의 연결 시도로 문화적 차이가 좁혀졌을 것으로 생각하겠지만, 실상은 그렇지 않다. 할리우드에 대한 학계의 냉담함은 마치 거울처럼 학계를 대하는 할리우드의 경멸로 작용한다. 그러므로 이 책을 더 읽기 전에 할리우드에 대한 편견을 버리고 내가 제공하는 정보를 열린 마음으로 받아들일 준비가 필요하다. 당신이 두 문화의 유사성과 연관성을 발견한다면, 이는 굉장한 개념상의 힘이 있는 거나 마찬가지다.

• 주프락시스코프 1879년 영국의 사진작가 에드워드 머이브릿지가 만든 최초의 영사기를 말한다. 환등기의 원리를 이용해 연속 사진을 영사하여 연속적인 동작을 재생 가능하게끔 만들었다.

인기 없는 수요자가 지지하는 맥키의 삼각 구조

뚜렷한 결과가 있는 연구가 그렇지 못한 연구보다 더 주목받는다고 얘기한 바 있다. '모두 다 같은 이야기' 정신을 담아 이러한 과학의 문제를 더 큰 그림으로 펼쳐보고자 한다. 당신도 쉽게 이해할 수 있도록 할리우드의 흥행성공작과 실패작으로 설명하도록 하겠다. 영화와 관객의 상관관계는 과학계 혹은 과학 연구와 대중 사이의 상관관계와 놀랍도록 흡사하다.

당신은 할리우드의 시나리오 작가와는 수준 차이가 있겠지만 그래도 어느 정도는 서사적 직관을 가지고 있다. 당신이 소설을 많이 읽었든 읽지 않았든, 영화는 무수히 많이 봤을 것이기 때문이다. 미국의 생활방식에 따라, 대부분의 미국인이 그럴 것이다. 당신은 그 영화 대부분이 시간 낭비였다고 생각할 수 있다. 하지만 영화관람에 쓴 많은 시간에서 유용함을 끄집어낼 기회가 왔다.

〈쉰들러 리스트〉부터 〈트랜스포머〉 시리즈까지 모든 히트작에는 공통점이 있다. 바로 서사 구조다. 영화가 개봉했을 때 서사 구조를 근거로 한 예측이 형성된다. 블록버스터이건 조그만 규모의 독립예술 작품이건, 서사 구조는 언제나 영화의 흥행을 예측하는 도구가 된다. 과학과의 유사성이 여기 있다. 과학연구가 대중이나 과학단체에 발표되었을 때 영화산업과 유사한 예측이 형성된다. 사실이다.

당신을 설득하기 위해 난 하기 힘든 것을 해야 한다. 마치 교수 시절 훈육을 위해 어쩔 수 없이 학생에게 실망했다는 말을 해야만 했던 것처럼 말이다.

《말문 트인 과학자》에서 나는 흥미롭고 중요하다고 생각하는 맥키의 삼각 구조에 대해 언급했다. 그 개념은 할리우드의 시나리오 권위자인 로버트 맥키로부터 나온 것으로, 그의 저서 《Story: 시나리오 어떻게 쓸 것인가》에 상세히 설명되어 있다. 그 책은 할리우드에서 시나리오작법의 바이블로 취급된다.

《말문 트인 과학자》가 출간된 지 5년이 지났는데 직접적인 방법이나 이메일을 통해 나에게 맥키의 삼각 구조에 대해 언급한 사람이 과연 몇 명이나 될까? 0명이다.

5년! 과연 책을 읽기는 했을까? 이럴 때 가르치는 사람의 입장에서 몹시 언짢다.

그러는 동안 나는 맥키의 삼각 구조에 대한 깊은 감사를 키워왔다. 나는 요즘 어디에서나 그 개념을 발견하면서 그것이 세상의 이치를 이해하는 데 엄청나게 중요한 도구라고 생각하며 지낸다. 그래서 내가 할 수 있는 건 이것뿐이다……. **당신에게 소리 지르는 것!!!**

제발 제 말 좀 들으세요, 여러분. 이건 정말, 정말 깊이 있고 중요한 거예요. 장담컨대 만일 당신이 이것의 진짜 의미를 '이해grok'한다면 당신의 인생이 바뀔 겁니다. (grok이 무슨 단어인지 모르겠다고요? 그럼 구글에서 로버트 하인라인Robert Heinlein을 검색해 그의 책을 읽어보세요. 그 책도 당신의 인생을 바꿀 수 있습니다.)

영화를 통한
과학의 서사적 직관 쌓기

맥키의 삼각 구조로 돌아가 보자. (그림 13) 삼각형의 세 귀퉁이에는 맥키가 생각하는 전혀 정제되지 않은 이야기의 세 가지 형태가 있다. 오른쪽 아래의 안티플롯antiplot은 우리의 논의에선 가장 중요성이 낮은 요소다. 안티플롯이 절정인 이야기는 모든 구조와 관습을 박차고 나올 수 있다. 그것은 결과물이나 타인의 공감에 연연하지 않고 싸우기 위한 싸움을 즐기는 혁명가들에게나 알맞을 요소다.

이 카테고리에 속하는 영화들은 뉴햄프셔의 평온함(할리우드에 가기 전이었고, 이후 나의 집중력은 사라져 버렸다) 속에서 봤던 내가 좋아하는 예술영화들이다. 그 영화들은 〈오후의 그물망Meshes of the Afternoon〉(아방가르드의 상징적인 단편영화로, 영화학교에 다닐 당시 이 영화를 50번은 봐야 했다),

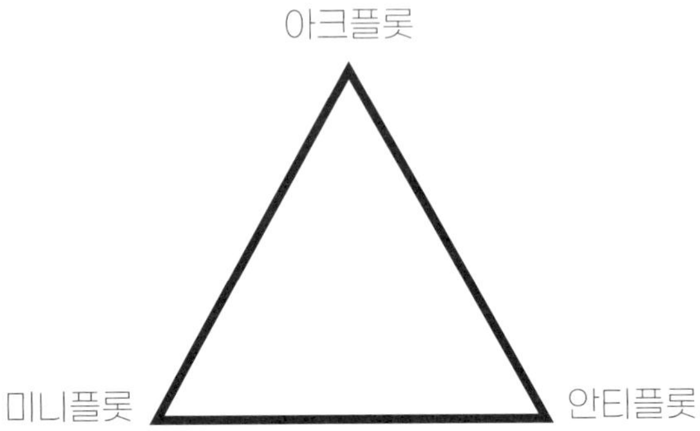

그림 13 인기 없는 수요자가 지지하는 맥키의 삼각 구조.

〈천국보다 낯선Stranger Than Paradise〉, 〈안달루시아의 개Un Chien Andalou〉(부뉘엘Buñuel의 영화를 정말 사랑한다), 그리고 〈웨인즈 월드Wayne's World〉나 〈몬티 파이튼의 성배Monty Python and the Holy Grail〉 같은 코미디물도 있다. 이 영화들은 모두 전통적인 스토리텔링 형태를 취하지만 아주아주 혼란스럽다. 근본적으로 비서사라고 하는 게 맞다.

삼각 구조의 상단에는 아크플롯archplot이 있는데 그것은 우리의 용도에 가장 중요한 요소다. 맥키는 아크플롯 이야기를 '전통적인 디자인'의 요소라고 정의하면서 이렇게 말했다. "그 원리들은 관념상 진정한 '전통적'인 것이다. 초시간적, 초문화적이며 개화되었건 아니건 지구상 어느 사회에서나 구전되어 내려오는 스토리텔링 시대로 거슬러 올라간다. 4천 년 전 길가메시가 12개의 점토판에 설형문자로 새긴 서시가 문자로 처음 전환되었을 때 전통적 디자인의 원리가 완벽하고 아름답게 적용된 것을 발견했다." 역시 길가메시다!

굉장히 포괄적인 정의다. 아크플롯은 최대의 관객과 소통할 수 있는 아주 오래된 양식이다. 대중의 인기를 끈 모든 영화의 핵심이라고 봐도 무리가 없다. 〈스타워즈〉, 〈반지의 제왕〉, 〈바람과 함께 사라지다〉, 〈아이언맨〉 모두 아크플롯 구조로 만들어진 영화다.

맥키가 아크플롯의 주된 특성을 나열했다. 그중에서 우리의 논의에 가장 중요한 다섯 가지를 소개한다.

1. **시간순** 사건이 시간 순으로 일어난다. 시점이 오락가락하지 않는다.
2. **인과관계** 사건이 무작위가 아닌 논리적 이유로 일어난다.
3. **하나의 프로타고니스트** 하나의 힘을 기억하는가? 우리가 따라가야 하는

주인공은 한 명이다.

4. **능동적인 프로타고니스트** 주인공은 그냥 앉아서 괴로워하지 않고 주로 무언가를 한다.
5. **닫힌 결말** 이야기는 해결된다. 모든 질문에 대답한다.

〈오즈의 마법사〉는 아크플롯의 전형적인 예다. (1) 사건이 시간 순으로 일어나고 (2) 모든 사건의 이유가 제시된다(원숭이는 그냥 튀어나온 게 아니고 사악한 마녀가 보낸 것이다) (3) 한 명의 프로타고니스트(도로시)가 등장해 (4) 능동적인 프로타고니스트(도로시는 구조를 기다리며 가만히 앉아 있지 않고 노란 벽돌 길을 능동적으로 따라간다)를 수행하고, 이내 (5) 닫힌 결말로 치닫는다(도로시는 캔자스의 집으로 돌아오고 행복하게 잘 산다).

〈오즈의 마법사〉가 이 모든 요소를 충족하는 것과 이 이야기가 막대하고 영원한 인기를 누리는 것은 절대로 우연이 아니다. 대중의 뇌는 아크플롯에 최적화 되어있다. 인기 있는 영화는 대중의 뇌에 자리잡은 서사 구조와 일치하기 때문에 성공하는 것이다.

맥키의 삼각 구조 세 번째 귀퉁이에는 미니플롯miniplot이 있다. 이것은 아크플롯의 반대급부에 있는 것이다. 미니플롯은 플롯의 중요성을 최소화하고 대신 캐릭터에 더욱 중점을 둔다. 아크플롯의 모든 특징을 뒤집으면 미니플롯을 얻을 수 있다. (1) 비시간순(시점이 오락가락함), (2) 제한된 인과관계(사건이 뚜렷한 이유 없이 일어날 수도 있다), (3) 다중 프로타고니스트, (4) 피동적인 프로타고니스트(나쁜 사람들과 싸워야 할지 말아야 할지도 잘 모르고 가만히 앉아서 괴로워만 함), (5) 열린 결말(나쁜 사람들이 절대로 대가를 치르지 않고, 살인사건은 풀리지 않고, 남자는 절대 여자의 마음을 얻지 못한다).

미니플롯 영화는 대부분 예술관에서 상영하며 평론가들의 찬사를 받거나 때로는 아카데미상을 받기도 한다. 1996년은 〈샤인Shine〉이나 〈파고Fargo〉 또는 〈비밀과 거짓말Secrets and Lies〉 같은 영화들이 오스카에서 경합을 벌인 예술영화의 해로 유명하다. 이런 형식의 영화들은 평단의 찬사는 받을 수는 있지만 많은 관객을 모으지는 못한다.

이런 특성들을 알고 보면 쿠엔틴 타란티노의 〈펄프 픽션Pulp Fiction〉 같은 영화가 얼마나 천재적인지 알 수 있다. 미니플롯의 요소를 갖췄는데(다중 프로타고니스트에 전개가 시간순으로 진행되는 것과는 거리가 멀고 임의성이 높다) 대중과 원활히 소통하니 말이다. (존 요크는 그의 명저서, 《숲 안으로》에서 〈펄프 픽션〉을 깊이 있게 다루며 영화의 구조가 결과적으로는 지극히 관습적이라는 것을 보여준다.) 타란티노는 관객과 소통하기 위해 아크플롯을 충족하는 많은 요소를 사용했고(닫힌 결말로 끝냈으며 매우 능동적인 프로타고니스트와 많은 외적 갈등을 사용했다) 평단을 놀라게 하려고 충분한 미니플롯을 구축한 것이다. 영화는 두 귀퉁이 사이의 어느 지점에 자리 잡았다—예술적으로 평가받는 동시에 광범위한 인기몰이를 했지만, 역대 흥행 50순위에는 들지 못했다.

우리의 영화논의를 위해 이 세 가지, 이야기 본연의 양식에 주목하기 바란다. 대중의 엔터테인먼트를 위한 아크플롯, 예술관 영화인 미니플롯, 그리고 '대중을 신경 쓰지 않는' 안티플롯.

현재 우리 사회에 예술관이 몇 개나 존재하는지 생각해보자. 그리 많지 않다. 사람들 대부분은 아크플롯을 선호한다. 아크플롯 구성은 지난 수 세기 동안 우리 뇌에 프로그래밍 되어왔다. 그 결과, 당신이 과학 이야기를 하면서 아크플롯의 기본속성을 깬다면 바로 관객을 잃게 된다.

1. 과학 이야기를 비시간 순으로 꺼내자마자 관객을 잃는다.
2. 과학 이야기를 뚜렷한 이유 없는 사건들로 시작하자마자 관객을 잃는다.
3. 과학 이야기를 다중의 과학자와 연구로 시작하자마자 관객을 잃는다.
4. 과학 이야기를 외적 갈등(연구 과정)이 아닌 내적 갈등(이것도 실험해야 할까?)으로 하자마자 관객을 잃는다.
5. 과학 이야기를 결론 없이 하자마자 관객을 잃는다(기후변화 팀을 기억하는가?).

이것을 지키지 않는다 해도, 당신의 이야기가 치명적인 위협을 받는 건 아니다. 그저 대가가 따를 뿐이고, 잘 지키면 관객이 더 생길 뿐이다.

모든 요소를 한꺼번에

이제 맥키의 삼각 구조를 활용해서 과학과 영화를 같이 엮어보자. 과학연구엔 다음 세 가지의 잠재적 결과가 있다. (1) 뚜렷하지 않은 가설을 배제하면 뚜렷

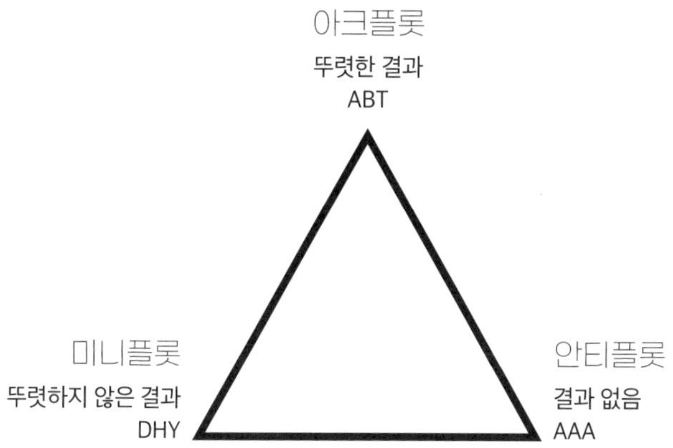

그림 14 할리우드와 과학연구, 그리고 커뮤니케이션의 병합. 과학연구의 결과와 서사 구조를 모두 포함하기 위해 맥키의 삼각 구조를 확대했다.

한 결과로 이어질 수 있다. (2) 뚜렷하지 않은 가설을 배제하지 못하면 뚜렷하지 않은 결과로 이어질 수 있다. (3) 충분한 데이터를 확보하지 못하면 결과를 도출하지 못할 수 있다. 여기서 뚜렷한 결과는 아크플롯이고 그렇지 못한 결과는 미니플롯이며, 충분하지 못한 데이터는 안티플롯이다.

뚜렷한 결과는 흥미롭고 그래서 더 많이 어필할 수 있으며 이야기의 다양성으로 흥행에 성공할 수 있다. 뚜렷하지 못한 결과는 예술영화로서는 가치를 존중받을 수 있지만 많은 관심을 끌지는 못하고 소수의 관객만 끌어모은다.

이것이 바로 서사의 딜레마이며 과학 연구자도 서사에 대한 직관이 필요한 이유다. 당신은 그저 겸손한 자세로 연구 프로젝트를 수행하고 과학단체는 그 결과를 냉담하고 기계적이며 공평한 자세로 엄중하게 검수한다고 생각할 것이다. 하지만 당신이 자각하든 못하든 당신의 프로젝트는 서사 에너지의 구름에 덮여있다. 모든 결과물이 평등하게 탄생하지는 않는다.

이 요소는 당신이 반드시 자각해야 한다. 그렇지 않으면 각종 문제에 봉착하게 된다. 당신은 아크플롯으로 최대의 관객을 확보하기 위해 무의식적으로 과도한 결과물을 향해 달려갈 수도 있다. 아니면 뚜렷한 결과가 없는 당신의 연구(미니플롯의 세계)를 게재할 학술지가 하나도 없다는 사실에 충격에 빠져 낙심할 수도 있다.

서사 내용에 따른 추가적 연관성을 살펴볼 수도 있다. 아크플롯은 대중이 추구하는 이상적인 형태로, ABT와 같다. 미니플롯은 보다 섬세하고 지적이며 복잡한 형태로, 많은 존경을 받을 수 있지만 일반 대중이 흡수하기엔 무리가 있다. DHY처럼 말이다. 그리고 안티플롯은 '대중은 신경 쓰지 않는' 태

그림 15 진실은 강을 거슬러 헤엄친다. 그 진실이 이야기의 역학과 맞부딪히면 어떻게 될까? 다시 강물의 흐름에 따라 헤엄치게 될까?

도로 데이터를 나열하고 '대중이 알아서 파악하라고' 하는 AAA와 같다.

이것이 맥키의 삼각 구조 세 귀퉁이가 과학연구의 결과나 과학 커뮤니케이션(서사 구조)과 접목된 형태다.

이야기의 강을 거꾸로 헤엄친다

맥키의 삼각 구조는 매머드가 얼마나 오래됐으며 이야기 흐름이 얼마나 관성적인지를 설명하기 위한 노력이었다고 언급했다. 아무도 이 힘에 대한 면역이 없다. 우리는 모두 이 영향 아래 살면서 아크플롯에 빨려들어가고 있다. 종교도 완전히 아크플롯의 기본적 역학을 바탕으로 구축된 이야기다. 하나의 프로타고니스트가 있고, 능동적이고, 시간순으로 장애를 극복하고, 닫힌 결말을 찾을 때까지 교훈을 얻는 이야기이지 않은가.

아크플롯의 힘은 거친 강물을 헤엄치는 것과도 같다. 진실이 강물의 흐름대로 헤엄친다면 괜찮다. 하지만 그렇지 않을 때는 어떻게 되는 걸까?

헨리 폰다는
과학자의 성향이 있었다

만일 진실이 강을 거꾸로 헤엄치도록 만든다면? 이야기의 강물은 역으로 흐르면서 마치 폭력배와도 같이 진실이 가는 방향을 저지한다.

유명한 폭력배 이야기 중에 〈옥스보우 인시던트The Ox-Bow Incident〉가 있다. 1943년 작품으로, 소설을 원작으로 한 헨리 폰다 주연의 서부영화다. 그것은 '악당이 한 짓이 아니라'는 뚜렷하지 않은 이야기를 믿는 몇몇 사람이서 그들이 자기 편을 인질로 잡고있다고 믿는 폭력배의 뚜렷한 이야기 강을 거슬러 헤엄치는 이야기다(내가 언급하는 '뚜렷함'은 과학연구에서의 '뚜렷한 결과'와 같은 의미라는 것을 숙지하기 바란다).

이 영화는 전반적으로 뚜렷한 이야기가 아니다. 〈하이 눈High Noon〉처럼 영웅에 대한 아크플롯이 아니며 악당을 물리치는 권선징악 이야기도 아니다. 이것은 정의는 없으며 선이 악을 이기지 못할 수도 있다는 열린 결말 이야기다.

이 영화가 만들어지기까지 많은 어려움이 있었다는 사실은 놀랄 일이 아니다. 이 영화는 당시 인기 절정에 있던 헨리 폰다가 낮은 출연료를 받고 투자까지 관여해서 만들어낸 '열정 프로젝트'로 결국 오스카 후보에도 올랐다. 〈하이 눈〉에도 출연한 중견 배우, 해리 모건Harry Morgan은 말년에 "〈옥스보우 인시던트〉는 내가 출연한 영화 중 최고였다."라고 말했다. 그런데 이 영화의 흥행성적은 어땠을까? 완전한 실패였다. 핵심에 뚜렷하지 못한 이야기가 있는데 예상하기 힘든 결과는 아니지 않은가? 그것은 완전한 미니플롯이었다.

이런 역학이 오늘날 과학 세계의 현실적 토대다. 거대한 이야기를 만들어내려는 욕망으로 이야기의 강을 따라가다 결국은 허위 긍정을 만들어내면서, 빈약한 이야기(뚜렷하지 않은 결과)엔 흥미가 없고 결국 게재에 실패하는 현상 말이다.

연구지원 단체에서도 이런 현상이 나타난다. 그들은 현존하는 것이 맞는지 맞지 않는지에 대한 실험에는 관심이 없다. 모두가 뚜렷한 패턴이 있는 새로운 이야기를 지원하고 싶어 한다. 그들은 그런 강물의 흐름에 빠져있다. 내 친구는 지원단체로부터 이런 말을 듣기도 했다. "좀 더 자극적이고 흥미로운 이야기가 필요해요." 내 친구는 이렇게 반문하고 싶었을 거다. "진실규명에 더 많은 관심이 있으신 줄 알았는데요."

뚜렷하지 않은 결과의 논문을 발견하면 이런 일이 벌어진다. 편집위원들이 그것을 결과가 뚜렷한 논문과 비교해서 잠재적 독자의 수를 가늠해본다. 그때 과학단체들은 '중요도'라는 단어를 사용한다. 이 단어는 연구의 중요도를 일컫는 게 아니라 몇 명의 독자를 확보할 수 있느냐를 의미한다. 그것을 감별하는 사람들도 모두 이야기의 강물에 빠진 것이다.

지난 몇 년 동안 이런 문제를 해결하기 위한 큰 노력이 있었다. 온라인 학술지 《플로스 원PLOS One》은 그 목적으로 발간된 것이다. 편집위원들의 철학은 '중대성보다는 건실성 있는 연구' 위주로 논문을 게재하는 것이다. 이론상으로 보면 이런 방법은 게재 문제를 어느 정도 해결할 수도 있을 것으로 보이나 내가 얘기를 나눠봤던 모든 과학자는 "도움은 되겠지만 완전한 문제해결은 힘들 거예요."라고 말했다. 연구 '중요도' 위주의 선택은 잔혹하지만 과학 학술지의 양대산맥인 《사이언스》와 《네이처》지의 선택기준이 되어가고 있다.

아크플롯과 미니플롯의 역학은 수도 없이 많은 곳에서 발견된다. 내가

들은 한 사례를 소개하고자 한다. 산림보전 생물학자들의 회의장에서 생긴 일이다.

보전 과학:
두 개의 이야기

국립공원 관리청에서 일하는 내 친구들이 자연보전에 대한 정부의 과거와 미래 정책을 논의할 때의 일이다. 1916년에 미국의회는 '풍경과 자연, 역사적 사물, 그 안에 있는 야생동물, 그리고 지금과 같은 자연의 향유를 미래의 세대에게 손상 없이 대물림'하기 위한 목적으로 국립공원보전법을 제정했다. 핵심단어는 자연 상태 그대로의 보전을 의미하는 '손상 없이'였다.

거기엔 방향에 부합하는 아크플롯의 주요사항들이 포함되어 있다. 자연은 시작부터 끝까지 태초의 모습처럼 똑같이 유지되어야 한다는 닫힌 결말을 함축하고 있다. 이것은 쉽게 전달하고 보전할 수 있는 매우 간결한 이야기가 될 수 있지만, 불행히도 세상만사는 우리 생각처럼 만만치가 않다. 기후변화의 경우엔 특히 그렇다.

국립공원 관리청은 2012년도에 그들의 목표를 '명확한 이유를 알 수 없는 지속적 변화를 위하여 생태학적 보전과 문화적 독창성을 보존하고, 방문객에게 변화의 경험을 제공하며, 육지와 바다 경관의 국립보전 지역을 형성한다'로 재설정했다.

와! 엄청난 미니플롯이다. '이유를 알 수 없는'이란 문구부터 그렇다. 아크플롯의 주요 요소 두 번째는 '인과관계'다. 이것은 전통적인 '전지적 시점'으로 이야기꾼은 이야기의 모든 것, 특히 사건의 인과관계를 모두 알고 있다는 의미다.

하지만 2012년 성명서는 뭐라고 하는가? '알 수 없는', 이것은 완전한 미니플롯이다. 국립공원 관리청은 뚜렷한 결과 없이 계속 변하는 이야기를 제공한 것이다. 이 이상 미니플롯일 수 있을까?

두 '서사' 중 어느 것이 국립공원 관리청이나 대중에게 설명하기 수월할까? '우리는 원래 모습 그대로 보전하려고 한다.' 그리고 '우리는 변화에 맞춰 수정하려고 한다.' 중에서 말이다.

보전 정신은 '자연의 균형(마치 종교와도 같이 야생에서 모든 것의 조화를 유지하는 보이지 않는 힘이 있다는 생각)'을 주장하지만 둘 다 현재 상황과는 맞지 않는 개념이다. 잘못 프로그래밍 된 뇌의 한계다.

현실은 만만치 않다. 누구라도 이런 상황에 빠질 수 있다. 이미 구축된 진실의 강을 거슬러 헤엄쳐야 하는 상황 말이다. 나 역시 〈바보들의 향연〉을 제작할 때 그것을 느꼈다. 원래는 관객이 원하는 간단하고 흥미로운 이야기가 있었다. 이야기를 아크플롯 버전으로 풀면, 부도덕한 우익 폭군들이 지원하는 악의 결정체인 지적설계운동이 미국 사회의 저변에 파고들고자 하는 내용이 될 수도 있었다. 주변의 많은 좌익성향 인사들은 내가 그런 이야기를 해주길 바랐다. 그들은 이런 아크플롯 성향의 메시지를 검토하고 홍보까지 했지만 그렇게 되지 않았다. 내가 진실을 추구하는 과정에서 영화는 점점 종교의 선악 구도라기보다는 그리스 아곤의 양극이 되어버렸다. 마이클 무어Michael

Moore의 〈화씨 911 Fahrenheit 911〉, 데이비스 구겐하임 Davis Guggenheim의 〈불편한 진실 An Inconvenient Truth〉, 조쉬 폭스 Josh Fox의 〈가스랜드 Gasland〉, 그리고 다른 운동권 영화인들은 선악 구도 설정의 귀재들이다. 그들 영화가 내가 꿈에서나 그려볼 수 있는 관객 수를 동원한 것은 놀랄 일이 아니다. 2013년에 나는 '단순한 이야기꾼을 주목하라: 조쉬 폭스와 〈가스랜드〉'라는 제목의 글을 블로그에 올렸다. 뉴욕타임스 기자이자 친구인 앤디 레브킨 Andy Revkin이 조쉬 폭스의 스토리텔링을 다룬 기사를 보고 나서의 반응이었다. 햄프턴 국제 영화제 기간 중 폭스 사가 주최한 패널에서 앤디는 '아주 좋은 논쟁'이라는 말로 이야기를 시작했지만 감독이 프래킹* 사안을 '프리즘을 통해 들여다보는' 것에 실패했다고 말했다. 지극히 옳은 말이다. 하지만 그의 발언은 노년층 좌익성향 관객의 야유와 폭언을 유발했다.

어쨌거나 이 지점에서 나는 그 영화인들은 엄청난 부자고 나는 너무나 가난하다는 씁쓸한 말을 할 수밖에 없다. 하지만 나는 그들의 영화를 즐기고 마이클 무어의 진실 왜곡 논란에도 그를 높이 산다. 나의 뇌는 일반 대중과 같이 불완전하기 때문이다.

이 이야기의 핵심은 아크플롯이 될 수 있는 강력한 이야기의 강물이 있는데 진실은 대부분의 이야기가 미니플롯으로 진행된다는 사실이다. 이것이 할

* 프래킹 수압 파쇄 hydraulic fracturing의 줄임말이다. 이는 물, 화학제품, 모래 등을 혼합한 물질을 고압으로 분사해 바위를 파쇄하여 석유와 가스를 분리해내는 공법을 말한다. 그러나 프래킹 기술에 사용되는 화학물질이 지하수와 토양을 오염시킬 수 있다는 우려가 커지면서 미국 내무부는 2015년 3월 20일 프래킹 기술에 대한 환경보호기준을 높였다.

리우드가 서사의 세계를 바라보는 시각이다. 나는 과학 세계에 중요한 과학 이야기의 서사 역학을 같은 접근방식으로 이해하기를 권장하는 것이다. 이제 지극히 현실적인 두 가지 사례를 소개하도록 하겠다.

지구온난화는 왜 지루한가

기후학자들 대부분은 인간이 기후를 변화시켰다는 것에 동의할 것이다(미국 과학진흥회가 2014년도에 실시한 여론 조사에 따르면 그 비율이 87%에 이른다). 그것은 대중과 소통할 뚜렷한 결과가 있다는 것을 의미한다. 하지만 2014년도에 퓨Pew 리서치센터가 실시한 여론 조사에서 미국인의 절반은 그 사실에 동의하지 않으며, 그보다 더 최악인 것으로는 대부분 이 문제에 관한 관심이 없다는 사실이 밝혀졌다. 여론 조사에 따르면 기후문제는 유권자들에게 우선순위가 아니다. 왜 그럴까? 그것에 대해 할 말이 많다.

2010년도에 앤디 레브킨은 그의 뉴욕타임스 블로그인 '닷 어스Dot Earth'에 기후변화에 대한 글을 올리며 지구온난화에 대한 모든 게 지루하다는 나의 말을 인용했다. 2013년도에 《슈피겔Der Spiegel》지의 기자들이 큰 규모의 기후변화 미팅에 참석하려고 준비하는 중에 앤디의 블로그를 봤다. 그들은 "지루하다."는 인용구가 마음에 와닿았는지 나에게 그 이유에 대한 인터뷰를 요청했다. 미국의 ABC 뉴스가 그 인터뷰를 입수해 이 주제가 지루하다는 제목으로 방송을 탔다. 나의 기후학자 친구들은 달가워하지 않았다.

나는 지루하다는 평의 징조를 2002년도에 해양에 관한 대화를 나누느라 워싱턴대학교의 교수들을 만났을 때부터 느꼈다. 그들의 논의는 대학교 수업에서 지구온난화를 가르치는 게 절박하다는 것으로 옮겨갔다. 〈불편한 진실〉이 개봉되기 4년 전의 일이다. 하지만 그들은 이미 그 주제가 무척 밋밋하다는 것을 짐작하고 있었다. 그들은 학생들이 그 주제를 너무 재미없어한다고 말했다. 왜 그럴까? 답은 이미 나왔다. 몇 가지 핵심요소들을 살펴보자.

미니플롯으로 태어난
지구온난화

지구온난화의 '이야기'는 미니플롯에 흠뻑 젖어 있다. 우리가 검토한 특성들을 살펴보자.

시간순 시간의 흐름 속에서 서사의 절정을 느낄 수 있는 사건이 있었나? 딱히 없다. 지구온난화 '이야기'는 지도상 어느 곳에나 있다. 1988년에 기후학자인 제임스 한센James Hansen은 이상하게 무더웠던 그해 여름, 지구온난화의 잠재적 문제들을 호소하기 위해 의회에서 증언했다. 하지만 그 사안은 이후 10년 이상이나 뉴스에서 사라졌다. 90년대에 들어서서 교토의정서와 함께 다시 고개를 들었지만 정보전달에 그치고 말았다. 태풍

카트리나와 고어의 영화가 2005~2006년에 그 문제를 극적으로 부활시켰다. 하지만 태풍은 지나가 버렸다. 슈퍼 태풍 샌디가 이를 다시 미국에 몰고 왔으나 이에 대한 우려도 곧 뉴스에서 사라졌다. 이야기는 마치 썰물처럼 흘러갔다. 아크플롯의 절정 같은 서사의 구축은 없었다. 그것이 필요하다는 주장이 아니라, 그 사안에 대한 서사의 특징이 이렇다는 이야기다.

인과관계 전공자에게 날씨와 기후의 차이는 간단하고 명확하다. 단기간과 장기간의 차이다. 하지만 대중에겐 낯설다. 또한, 결과는 인과관계의 결핍을 암시하는 무작위의 패턴이다. 폭설이나 한파는 온난화와는 반대의 신호를 보낸다. 예보가 어긋날 때 그 패턴은 특히 마음대로다. 이것은 2005년 이후에 더욱 명확해졌다. '태풍의 여름'이라는 2005년엔 카트리나를 선두로 5개나 되는 태풍이 미국을 강타했다. 그 순간 지구온난화 움직임은 멈춰섰다. 기후변화에 대한 알람을 울리기 위한 미디어의 주목 덕분이었다. 〈불편한 진실〉이 개봉된 이듬해 봄의 일이다. 그들의 메시지는 부분적으로 '지구온난화는 이와 같은 거대한 태풍을 몰고 올 것이다!'였다. 하지만 이어지는 2005년 이후 수년 동안 미국을 강타한 태풍은 없었고 지구온난화 문제의 긴급함은 약화되었으며 무작위한 기후변화는 대중에게 아크플롯 시각의 인과관계를 제공하지 않았다.

하나의 프로타고니스트 관객은 한 명의 프로타고니스트에 익숙한 것처럼 사회적 행동도 한 명의 지도자가 더 많은 집중을 받는다. 이것에 대한 무수한 인지학적 이유를 찾을 수 있다. 그럼 지구온난화를 위한 한 명의 지도자는 누가 되어야 할까? 한동안은 알 고어였지만 그는 문제에 맞서 싸우는 과학자도 아니었고 사실 맞서 싸우지도 않았다. 2008년에 관심을 에너지에 두겠다고 발표하면서 사실상 지구온난화 현장에서 사라졌다. 또한 본인의 방송 네트워크를 알자지라에 팔았다는 소문과 함께 대중의 신뢰를 잃었다. 그것이 사실이든 아니든 대중은 그 네트워크를 테러리스트(데이비드 레터맨David Letterman이 고어에게 이렇게 말했다) 또는 중동 기름장사(존 스튜어트Jon Stewart가 고어에게 이렇게 말했다)의 네트워크라고 받아들인다. 논리상으로 보면 지구온난화의 영웅은 한 명이 아닌 지구를 위해 싸우는 여러 명의 '환경-영웅들'이어야 한다. 하지만 그렇게 되면 서사가 한 방향으로 흘러가지 않게 된다. 한 명의 고통은 비극이지만 백만 명의 고통은 통계가 된다. 그러면 지구온난화 문제는 수천만 명이 겪을 미래의 고통에 대한 통계가 되는 것이다. 이 미니플롯에 관객이 공감할 수 있을까?

능동적인 프로타고니스트 관객은 한 사람이 고군분투하는 이야기에 환호한다. 하지만 지구온난화는 언제나 자연으로부터 피해를 받는 피동적 집단의 이야기다.

닫힌 결말 국립공원 관리청의 두 가지 서사를 떠올려 보기 바란다. 자연보전에 대한 서사는 '자연적 균형'의 복원을 위한 닫힌 결말의 아크플롯이다. 반면 기후변화의 서사는 닫힌 결말이 없는 미니플롯이다. 지구온난화 관계자들은 완화(우리는 멈출 수 있다!)와 적응(이미 늦었고, 우리는 적응하는 방법을 터득해야 한다.) 사이에서 갈등해왔다. 킬링 곡선이 지속적인 대기화학의 불균형을 반영하면서 모든 것을 '정상'으로 되돌리는 것은 무산됐다. 지구온난화 문제는 단순한 닫힌 결말이 없다. 그것은 서사가 어디로 갈지를 모르는 미니플롯이다.

언급한 해설에서 나는 사안에 대한 소통의 잘못을 지적하지 않았다. 단지 이 사안이 시작부터 어떤 큰 문제가 있었는지를 반영했을 뿐이다. 하지만 이제부터 슬프고, 비극적이고, 잘못 전달되었으며, 굉장히 중요한 '서사적 무개념'에 대해 살펴보자.

지구온난화:
미니플롯의 혼란

모든 것이 정상인 것 같던 2002년, 워싱턴대학교의 교수들이 나를 불안한 눈빛으로 쳐다볼 때만 해도 상황은 달라질 수 있었다. 국가인재들로 고문단을 결성해 지구온난화 문제를 서사적으로 볼 수 있었고 미니플롯의 한계성에 대해 경고할 수 있었다.

이 고문단은 여러 요소를 재빨리 검토할 수 있었을 테고 우리가 큰 미니플롯의 문제에 봉착했다는 사실을 자각할 수도 있었을 것이다. 그 대응책으로 그들은 적어도 정보로 일관된 다중의 서사가 대중에게 얼마나 폭탄 같으며 결국은 '미니플롯의 혼란'으로 이어질 수 있다는 서사적 기준선을 제공할 수도 있었을 것이다.

지구온난화 문제는 미디어의 조명을 받긴 했지만 서사 역학을 형성할 만큼 섬세한 접근이 이뤄지지는 않았다. 사실상 매트 니스벳Matt Nisbet이 그의 보고서 〈기후변화: 향후 10년의 공론을 위한 명확한 비전Climate Shift: Clear Vision for the Next Decade of Public Debate〉을 통해 지적한 것처럼 이 문제로 대중과 소통하려는 시도조차 없었다. 그는 2007년도에 고어의 영화로 결집된 주요 환경단체들이 선언문처럼 펴낸 보고서 〈승리 전략: 지구온난화와의 싸움에서 박애주의자의 역할Design to Win: Philanthropy's Role in the Fight against Global Warming〉에 대해 언급했다. 니스벳에 따르면 총 50쪽의 보고서 중 커뮤니케이션, 미디어, 그리고 대중의 인식과 관련된 분량은 고작 두 문장이었다.

과학과 관련된 커뮤니케이션의 문제를 서사의 역학으로 바라본 경우는 내가 1장에서 언급했던 크리스토프가 2009년에 《아웃사이드》지에 게재한 논문뿐이다. 그는 아프리카의 대중 보건 교육을 논하면서 인간 뇌의 잘못된 프로그래밍과 너무나 평이한 접근 방식에 대한 어려움을 서사적 시각에서 언급했다. 하지만 그가 집중한 건 지구온난화가 아니라 대중 보건이다.

그 외에는 간결함을 바탕으로 한 서사적 사고를 본 적이 없다. 국립과학원이 과학 커뮤니케이션에 대한 심포지엄을 통해 서사적 사고를 유도했을 수도 있다. 하지만 간결함(크리스토프가 했던 것처럼)에 다가가지는 못했다. 그것을 배우려면 정말 할리우드나 광고계를 찾아가야만 한다. 크리스토프의 논문은 이 내용으로 귀결된다. "자선단체나 박애주의자들이 매디슨 가에서 활용하는 마케팅 기법이나 심리적 설득법을 수용했다면 어떻게 되었을까? 우린 아마 수백만 명의 생명을 더 살렸을 것이다."

이야기의 강은 서둘러 갈 수 없다

지구온난화 문제를 마무리하면서 〈불편한 진실〉을 이야기의 강이란 시점으로 풀어보고자 한다. 할리우드에서 시간을 충분히 보내면 성공의 이면에 있는 인물이 작가도, 감독도, 배우도 아닌 프로듀서라는 것을 자각하게 된다. 그들이 진정한 할리우드의 목소리다. 다른 사람들은 모두 그들의 이상을 현실화시키기 위해 고용된 저당물이다. 프로듀서들이 시나리오를 고르고, 투자를 유치하고, 감독을 선택하고, 스타를 섭외하고, 궁극적으로 어떤 이야기를 할 것인가를 결정한다. 아무리 스필버그라도 맘대로 작품을 만들지는 못한다. 2013년도에 그는 자신의 영화 〈링컨〉으로 스튜디오를 설득하지 못해 케이블 채널 HBO로 넘어갈 뻔한 사연을 얘기했다. 스튜디오는 곧 프로듀서다. 그들은 매스컴을 활용해 할리우드의 목소리를 조정한다.

〈불편한 진실〉이 딱 그랬다. 그것은 알 고어의 영화가 아니었다. 그는 그저 베테랑 에코-환경운동가들과 할리우드의 프로듀서, 로리 데이비드Laurie David의 전당품이었다.

2005년 여름에 로리 데이비드는 미국을 강타한 5개 태풍을 '새로운 기후 세계에 접어들었다'는 징조로 여기는 환경주의자들에 둘러싸여 있었다. 나도 그해 여름에 할리우드의 환경 관련 행사에서 이런 풍문을 듣다가 2006년에 로리의 HBO 다큐멘터리 장편영화 〈투 핫 낫 투 핸들Too Hot Not to Handle〉에 출연했던 한 기후학자로부터 직접 듣게 되었다.

그는 그 영화가 과학단체로부터 얼마나 많은 감수를 받았는지 얘기해줬다. 편집본이 나올 때마다 과학자로 구성된 팀이 내용의 정확도를 꼼꼼히 점검했다. 하지만 2005년, 5개의 태풍이 지나간 후에 로리 데이비드는 과학자들에게 "지금까지 도움을 주셔서 대단히 감사합니다. 하지만 다음에 만들려는 새로운 영화엔 여러분의 비평이 도움이 되지 않을 수도 있기 때문에 이제 나가주셨으면 좋겠습니다."라고 말했다고 한다.

그 새로운 영화 〈불편한 진실〉은 그해 12월에 할리우드의 선셋 가워 스튜디오에서 방청객들과 함께 3회 만에 촬영을 마쳤다. 방청객으로 참여한 몇몇 친구들이 알려줬다. 영화는 이듬해 봄에 개봉했다. 기획부터 배급까지 채 1년도 안 걸린 것이다.

이 영화는 이야기 발전과정도 없는 황당한 방식으로 제작됐다. 누구도 영화의 핵심단어를 파악하지 못했다. 관객에게 하나의 문제를 제공하고 그 해답을 찾을 수 있도록 3막 구조를 설계한 사람은 아무도 없었다. 결과물은 'AAA' 구성의 영화였다. 선한 취지를 가진 알 고어의 곤경, **그리고** 대통령 출마의 실패, **그리고** 지구온난화에 대한 그의 걱정, **그리고** 수년 동안 그가 보여준 슬라이드, **그리고** 기후변화에 대한 그의 설명이 들어간 슬라이드.

이 영화의 플롯에 도브잔스키 양식을 적용해 볼 수 있다. 제작진은 다음의 빈칸을 어떻게 채울까? "____을 제외하면 지구온난화의 어떤 것도 설명할 수 없다." 영화의 주제가 명확하지 않기에 빈칸을 채울 마땅한 단어가 없는 것이다.

환경단체와 과학단체는 이 영화에 열광했다. 하지만 나의 할리우드 친구들은 내가 2010년에 학부생들에게 했던 농담처럼 영화가 너무너무 지루하다는 반응을 보였다. 나는 학생들에게 이렇게 농담하곤 했다. "오늘 밤 〈불편한 진실〉을 보면서 피자랑 맥주 먹을 사람?" 사람들은 좋은 스토리텔링을 원한다.

지구온난화 서사를 다시 쓴다면

지구온난화 문제는 하나의 튼튼한 ABT 구조의 서사로 구축될 수 있다. 1막은 지구의 사진과 함께 천상의 목소리로 "옛날에 작고 푸른 행성에서 생명체를 위협하는 환경적 갈등이 있었다. **그리고** 1980년대 초에 그 문제는 극에 다다랐다. **하지만** 행성의 모든 국가가 연합해서 조약을 맺었다. **그러므로** 오늘날 그 문제는 사라질 것으로 전망된다."라는 내용의 나레이션으로 구축될 수 있다.

이런 ABT 구조 이후에 언급한 문제는 오존층의 구멍으로, 조약은 1987년에 몬트리올에서 맺었고, 오늘날 오존층의 구멍에 대해 자주 들을 수 없는 이유는 그 문제가 굉장히 효과적으로 대두되었기 때문이라는 사실 등등을 드러낼 수 있었다.

하지만(첫 번째 ABT는 '그리고' 부분으로, 이제 영화 전체의 큰 ABT를 얘기할 차례다) 1980년대 후반에 두 번째 환경문제(지구온난화)가 대두되자 오존층 문제를 해결했던 국가들은 이 문제를 해결할 수 없었다. 이유가 뭘까?

바로 '선동적 사건'의 부재 때문이다. 우리를 조지프 캠벨이 좋아했을 법한 여정에 몰아넣을 수 있는 핵심 질문 말이다. 알 고어는 가장 큰 환경문제 해결에 실패할 수밖에 없었던 이유를 가르치고 설교하는 방식이 아닌 소크라테스가 좋아했을 법한, 대중을 향한 질문으로 그들을 선동할 수도 있었다.

하지만 그는 그렇게 하지 않았고 좋은 이야기를 구축하지 못했다. 영화는 그저 자잘한 유머, 그것도 공화당을 대상으로 한(고어의 초등학교 과학 선생님이 어쩌면 '현 정부'의 과학 조언자일지도 모르겠다는 농담 등) 것들뿐이었다. 그나마 감정을 건드리는 부분(건강이 좋지 못한 고어의 조카 등장 장면)은 주제를 벗어났다. 영화는 비서사적 난국으로 도브잔스키를 지루하고 실망하게 만들기 충분했다. 흥미로운 요소도 있지만, 의미 있는 영화를 만들어내는 데는 실패한 잡다한 정보 뿐이었다.

다른 전략:
이야기 전문가에게 맡겨라

정보에 서사적 매스컴으로 접근하는 두 가지 방법이 있다. 방법 A는 스스로 미디어를 만들고 자신이 서사에 재능이 없다는 사실을 힘든 방법으로 자각하는 것이다(예: 고어의 영화). 그리고 방법 B는 서사 전문가들에게 맡기는 것이다. 당신은 동승만 하면 된다.

미국 질병통제예방센터CDC는 매우 현명하게도 1990년대 후반에 대중보건에 대한 정보를 소통하기 위해 후자의 경우를 택했다. 2001년도에 그들은 레아 센터의 공동창립자인 마티 카플란Marty Kaplan의 주선으로 남가주대학교 아넨버그 스쿨의 노만 레아 센터Norman Lear Center와 자매결연을 하고 할리우드, 건강, 그리고 사회적 프로젝트HH&S를 결성했다.

CDC는 미디어를 직접 만들지 않고 스토리텔링 전문가들과 손잡기로 한 것이다. 그들이 레아 센터 스태프의 인건비를 제공하면 레아 센터는 그들에게 다음 두 가지를 약속하는 조건으로 협약을 맺었다. 첫 번째는 CDC의 대중보건 데이터 표를 모든 황금시간대 텔레비전 쇼 작가들에게 보내는 것이었다. 그들은 작가들에게 로비할 필요도 없었고 〈그레이 아나토미Grey's Anatomy〉의 에피소드에 당뇨병이나 알츠하이머, 또는 엘러스-단로스 증후군을 다뤄달라고 조르며 화를 낼 필요도 없었다. CDC는 그저 작가들이 정보를 필요로 할 때 제공해주면 됐다.

두 번째는 CDC 정보를 활용한 건강 관련 에피소드가 만들어질 때 관객이 시청 이후 주제에 대한 얼마만큼의 정보를 습득했는지를 파악해주는 것이었다.

근래에 나는 HH&S를 대상으로 한 워크숍을 진행하며 그들이 이룬 인상적인 업적들을 들었다. 그중 최고는 안방극장 드라마로서 주인공 중 한 명이 에이즈에 걸린 설정의 〈더 볼드 앤 더 뷰티풀The Bold and the Beautiful〉의 8가지 에피소드였다. 여섯 번째 에피소드가 방영되는 도중, 그 캐릭터가 직접 출연해 에이즈에 대한 정보를 위해서는 CDC 핫라인에 전화하라는 내용의 공익광고를 내보냈다. 그러자 하루에 몇 건 없던 핫라인 문의가 수천 명의 전화로 불이 났다. 그런데 드라마 방영시간이 아닌 다른 시간에 내보낸 공익광고는 그리 많은 전화문의를 끌어내지 못했다. 이것이 바로 서사의 힘이다.

HH&S가 주는 교훈과 내가 그들의 방식을 지지하는 이유의 공통점은 스스로 이야기를 만들려고 하지 않는 것이다. 그들은 잘 만들어진 이야기에 투입되는 시간과 노력, 그리고 실력의 진가를 잘 알고 이를 높이 산다. 이런 작업을 하려면 〈사우스 파크〉의 트레이 파커처럼 서사적 역량을 갖춘 사람이 필요하다. 모두가 서사적으로 나아질 필요가 있지만 그런 전문가들을 존경하고 그들이 제공하는 것을 감사히 받아들이는 자세도 필요하다.

뚜렷하지 않은 결과의 재구성: 알라의 경고

뚜렷한 결과가 없는 연구에 대한 편견을 생각해보자. 그런 연구가 과연 폭넓은 관심과 지지를 얻을 수 있을까? 의문이 들긴 하지만, 생각보다 많은 관객을 동원하는 경우가 간혹 등장한다. 그런 연구들을 자세히 들여다보면 뚜렷한 패턴을 확인할 수 있다. 일례가 바로 1990년대 초반의 '알라 스케어The Alar Scare'이다.

그 일은 뚜렷한 결과로 시작되었다. 천연자원보호위원회Natural Resources Defense Council가 성장을 조절해서 열매가 붙어있도록 사과나무에 주기적으로 뿌렸던 '알라'라는 화학약품에 포함된 다미노자이드 성분이 이 발암성 물질이라고 발표한 것이다. 1989년에 CBS 뉴스쇼인 〈60분60 Minutes〉이 '경고'를 의미하는 알람alarm과 발음이 비슷한 알라를 보도했다. 유명배우 메릴 스트리프Meryl Streep는 학교에서 사과를 먹는 어린이들을 위해 알라의 사용을 금지할 것을 의회에 호소했다. 사태가 더 커지기 전에 제조사인 유니로열 화학회사는 알라를 자발적으로 회수했다.

뚜렷한 결과(이 화학물질이 암을 유발한다는)는 많은 관심을 끌었다. 하지만 엄청난 반발이 잇따랐다. 워싱턴의 사과 농장주들은 분노했고 규모가 큰 공익캠페인을 내보냈다. 그들은 1억 달러나 되는 손해배상 소송도 냈다. 사설들은 지금도 많은 사람이 기억하는 그 사태를 '알라 스케어'라고 명명했다.

뚜렷한 결과가 없는('이 화학약품은 암을 유발하지 않는다?') 사과 농장주들의 이 반발이 어떻게 사람들의 관심을 끌었을까? 그들은 "환경단체들이 당신에게 거짓말을 하고 있다."라는 식의 반대 담론을 펼쳤다. 그들의 주장은 화학약품과는 별다른 연관성이 없었고 환경운동의 의도에 초점을 맞춘 것이었다.

지난 10년간 기후학을 향해서도 유사한 공격이 펼쳐졌다. 공격하는 사람들은 온난화 현상은 없는 것이거나 그 원인이 인간 때문이 아니라는 뚜렷하지 않은 결과로 논쟁을 벌여왔던 것이었다. 하지만 알라 스케어 논쟁은 환경운동가들이 다른 야심이 있고, 정직하지 못하다는 긍정적 서사를 더 큰 목소리로 제시했다. 그들은 자신들이 악한 환경운동가들과 싸우는 선한 존재라는 아크 플롯으로 무장했던 것이었다.

뚜렷하지 못한 결과로는 대중과 소통하기 어렵다. 사과 농장주들의 상대방에 대한 비방 광고를 권장하고 싶지는 않지만, 뚜렷하지 못한 결과로 사람들의 이목을 끌어야 할 때는 '알라 스케어'의 교훈을 고려해야 한다. 세력을 불릴 수 있는 긍정적 패턴의 비언어적 반대 담론으로 주제를 재구성하는 접근방식을 모색해봐야 한다.

(기록을 위해 알려둔다. 환경단체들은 알라에 대해 거짓말을 한 적이 없

다. 《컬럼비아 저널리즘 리뷰Columbia Journalism Review》의 엘리엇 네긴Elliott Negin은 90년대 후반에 '알라 스케어는 진짜였다'는 제목의 기사로 이 사건을 세밀히 분석했다. 그는 "미디어가 그렇듯이 사건에도 한두 가지의 사실밖에는 없었다."라고 시인했지만, 반발 캠페인이 알라에는 건강에 해로운 요소가 없다는 인식을 대중에게 심어주었으며 그것은 사실이 아니었다고 지적했다. 알라의 발암성에 대한 문제는 지금도 조사 중이고 세계의 많은 국가가 현재도 그것의 사용을 금지하고 있다.)

서사적 취향으로 대체

사람들은 서사가 필요하다. 서사는 흡수가 쉽고 감흥을 느끼기가 수월하기 때문이다. 어떤 사람들은 지구의 파멸 같은 이야기에 심취해 있다. 이러한 회의적 시선을 일컫는 '감퇴론적 서사declensionist narratives'라는 단어도 있다. 이 시선은 환경주의자들에겐 일반적이며 그들 중엔 세상에 대한 좋은 소식은 아예 거부하는 사례도 있다. 그들은 〈새터데이 나이트 라이브Saturday Night Live〉의 데비 도우너Debbie Downer처럼 감퇴에 관한 이야기만 좋아한다.

이런 성향의 사람들에게 반대급부의 서사를 전달하려면 두 가지 선택이 있다. 그들이 틀렸다고 얘기하거나 아니면 그들의 독특한 '서사적 취향'과 궤를 같이해야 한다.

한 사례를 소개해보자. 나는 감퇴론자들이 많이 몰려있는 캘리포니아 해변의 조그만 도시에 산다. 2011년도에 일본 후쿠시마의 원전이 터졌을 때 방사능이 이쪽으로 온다는 즉각적인 두려움의 반응이 있었다.

그로부터 4년 후 거듭된 조사를 살펴보면 후쿠시마 주변의 바닷물이나 물고기에서도 극히 소량의 방사능이 검출된다고 한다. 내가 아는 다수의 해양생물학자들이 참여하는 블로그, '심해뉴스Deep Sea News'에서 그들은 "일본의 후쿠시마 원전에서 끔찍한 사고가 발생했다. 하지만 알래스카와 하와이, 미 서부 해변에는 위험이 없다."라고 결론지었다.

이것은 내가 사는 도시의 사람들에겐 뚜렷한 결과로 다가오지 못한다. 그들에게 이 문제를 두 가지 방법으로 소개할 수 있다. 하나는 대중의 '두려움'을 무시하는 방법이다. 즉 "과학이 일본으로부터의 방사선 피해가 없음을 밝혀냈다."라는 일방적 이야기를 소개하면서 그들이 반응하지 않는 서사로 직면하는 것이다.

하지만 다른 방법도 있다. 이 문제를 다른 두려움에 덧붙이는 것이다. 나는 지역신문에 '후쿠시마는 여기서 멀고도 멀다'는 제목의 기사를 기고할 때 그 방법을 사용했다. 기고문의 방사선 삽화에 X자를 넣는 대신 과도한 어획이나 해변의 환경오염 등 캘리포니아 바다의 6가지 주요 자연위협에 관한 사항들을 더했다. '일본의 핵방사선'은 그 요소들의 중앙에 배치했고 그 위에만 X자를 그었다. 구독자의 반응이 어땠는지 나는 잘 모른다. 세상이 멸망하는 그들의 서사에서 한 가지 위협요소라도 제거해서 그들을 위로하려 했을 뿐이다.

사람들은 그들의 서사를 살찌우기 원한다. 스티븐 핑커Steven Pinker도 잘 알고 있을 거라고 장담한다. 그는 자신의 입지전적 저서 《우리 본성의 선한 천사Our Better Angels》를 통해 폭력이 줄어드는 사회에 대한 기록으로 뚜렷하지 못한 결과를 소개하는 시도를 했다. 하지만 나는 많은 사람들로부터 핑커의 얘기는 자신들의 '인간의 종말' 서사와 잘 안 맞으니 무시하라는 얘기를 들었다. 물론 대응할 가치도 크게 없었지만.

뚜렷하지 않은 결과를 밀어붙이기가 얼마나 힘든 것인지 나는 잘 알고 있다. 내가 해양생물학자로서 수행했던 가장 중요한 연구는 호주의 악마 불가사리에 관한 것이었다. 불가사리는 개체 수 폭발(과학적 용어를 사용한다면 '아웃브레이크'로서 페스트균의 아웃브레이크와 견줄만하다)로 유명하다. 이러한 아웃브레이크가 왜 발생하는지를 설명하는 유명한 이야기가 있었다. 내 연구에서는 그 이야기가 잘못된 것이라고 주장했다. 나는 말하자면 "무엇이 아웃브레이크의 원인인지는 모르지만 그 사람이 얘기하는 그것은 아니다."라는 발언으로 결과가 뚜렷하지 못한 이야기를 주장한 것이다.

나의 논문은 인용지수가 가장 높은 학술지에 게재되었지만, 그것은 결국 흥을 깨는 이야기일 뿐이었다. 이미 존재하는 커다란 이야기의 파티를 망친 거다. 내 연구는 몇 년 동안은 관용의 대상이었지만 내가 과학계를 떠나자마자 모두 그 연구는 잘못된 것이라 단정짓고 다시 예전의 이야기로 돌아갔다. 더 기가 막힌 것은 내가 이 책의 집필을 마친 2015년에 1985년의 방법을 사용해서, 모두가 좋아하는 이야기로 새로운 연구가 발표되었다는 사실이다. 과학 서사에서도 이야기의 강이 때로는 진실을 덮어버리기도 한다. 모든 과학자가 이 사실을 알고 있다.

14

하지만 서사 훈련엔 각오가 필요하다

서사 훈련이 해법이다. 체력 훈련의 관점에서 나는 그것을 '서사 피트니스'라고 표현한다. 즉흥연기를 가르치는 내 친구들도 유사한 단어를 사용한다. 그들은 즉흥연기를 반복된 훈련을 통해 길러내는 근육으로 생각한다. 즉흥연기는 어느 날 한 번의 훈련으로 갑자기 튀어나오지 않는다. 서사 피트니스도 마찬가지다.

《커넥션》 공동집필자인 브라이언 팔레르모는 오래전부터 즉흥연기 훈련을 해왔지만 지금도 그 감을 유지하기 위해 즉흥 코미디 그룹 '그라운들링스 The Groundlings'에서 매주 즉흥연기를 수련한다. 그는 14년 동안 매주 수요일마다 〈크레이지 엉클 조 쇼The Crazy Uncle Joe Show〉의 출연진 여섯 명 중 한 명으로 공연해왔다. 그는 천재적인 즉흥연기 배우다. 그는 그럴 수 있는 이유가 지속적인 '즉흥 피트니스' 때문이라고 말하는 최초의 배우일 것이다.

서사도 똑같다. 다른 게 있다면 서사를 이렇게 가르치는 사람이 아직 없었을 뿐이다. 무수한 책과 워크숍이 이야기에 대해 말한다. 스토리텔링의 전문가를 초빙해서 하루짜리, 혹은 주말 워크숍이 진행된다. 하지만 어느 것도 피트니스 훈련의 관점에서 접근하지 않는다. 그게 문제다.

정말 이것을 배우고 싶다면 일일 워크숍에 참여하는 것보다는 훨씬 더 큰 각오가 필요하다. 기본적인 법칙을 배우기엔 하루도 충분할 수 있으나 복부 기관에서는 아무 일도 일어나지 않을 것이다. 무엇을 읽거나 쓸 때 서사를 자동으로 느낄 수 있는 경지에 오르려면 시간이 필요하다.

일일 워크숍은 충분하지 않을 뿐 아니라 잠재적인 단점도 있다. 나는 특정 정부 기관의 커뮤니케이션 담당 공무원들과 화상으로 엄청난 설전을 벌인 적이 있다. 그들은 50여 명이 참여하는 화상 논의에 나와 《커넥션》 공동작가인 도리 바톤을 초대했다. 준비단계로 그들 중 5명이 우리와 30분 정도의 워밍업을 했다.

도리가 조지프 캠벨에 관한 몇 가지와 로그 라인 만들기 등에 관한 설명을 하고 있었는데 그들이 이야기를 가로막았다. 그리고 누군가 "모두 들어봤던 얘기예요. 우리도 스토리텔링 워크숍을 두 개나 들었고 이야기의 9가지 요소에 대해 충분히 알고 있어요."라고 말했다. 그것은 내가 과학단체로부터 받은 가장 모욕적인 사건이었을 뿐만 아니라 내용 자체도 상당히 잘못되었다. 우선 '이야기의 9가지 요소'란 건 없었다. 도리가 로그 라인 만들기 양식을 구

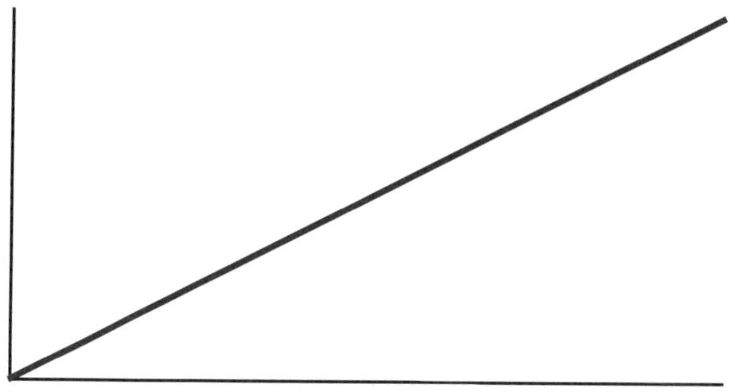

그림 16 서사의 학습곡선.

축하기 위해 9가지 요소를 구성했으며 아직 외부로 노출하지도 않은 시점이었다.

하지만 진정한 문제는 '들어봤던 이야기'라는 부분이다. 이것저것 해봤다는 사람들을 부쩍 많이 접한다. 그리고 일일 워크숍에서 모든 걸 '듣고' 이야기의 모든 걸 이해했다는 사람들도 많다. 말도 안 된다. 나는 지난 25년 동안 이야기에 대한 훈련을 쌓아왔는데도 아직도 새로 시작하는 느낌인데 하루 만에 다 배웠다고? 내 학습력에 문제가 있는 건가?

이것은 글래드웰의 1만 시간 법칙보다 더 많은 시간이 필요한 것이다. 서사라는 것은 평생의 공부이며 누구도 완벽한 경지에 오를 수 없는 문제다. 나는 그 점을 강조하기 위해 그림 16에 단순하고도 어쩌면 우스꽝스러울 수도 있는 그래프를 그려 놨다. 이 그래프는 사람이 삶을 마감하기 전에 정점을 찍을 수도 있다. 위대한 소설가 중엔 인생의 황혼에서 대작을 낸 경우가 있다.

나아가 오늘날 우리의 커뮤니케이션 환경은 급변하고 있으며 그것은 서사의 역학도 시간의 흐름에 따라 변할 수 있다는 점을 시사한다.

하지만 그것을 누가 알랴. 아무튼, 요점은 '스토리텔링의 마스터' 같은 광고에 현혹되지 말라는 것이다. 아무리 스필버그라도 그저 그런 이야기를 만들어 낼 때가 있다. 이것은 끝없는 도전이다. 그러니까 제발 "서사에 대한 이해는 완전히 끝났어!" 같은 태도는 당장 버리기 바란다. 그렇게 말할 수 있는 사람은 아무도 없으니.

서사적 직관은 수없이 듣고 수없이 많은 방법으로 수행한 후 얻게 되는 깨우침과도 같은 것이다. 효과적인 교육의 핵심엔 항상 이 단어가 있다. 수십 년 전 한 미디어 배급업자가 텔레비전 광고의 핵심에도 이 단어가 적용된다고 말한 적이 있다. 사람들은 같은 텔레비전 광고를 4번에서 7번은 봐야 제품에 대한 흥미가 생긴다는 것이다.

이제 내가 전에 언급했던 '서사적 진전'을 다시 떠올려 보기 바란다. 내가 왜 자꾸 한 얘기를 반복하는지 이제 짐작할 수 있으리라 생각한다. 그런데 그것이 서사의 진전을 방해하지는 않을까?

깨우침과 서사 진전의 실패 사이에는 매우 중요한 차이점이 있다. 만일 당신이 명확한 주제가 있고 그것을 전달하기 위해 다섯 개의 다른 시각으로 접근한다면 거기엔 효과적인 깨우침을 얻을 수 있는 잠재력이 있다. 하지만 한 가지 요소만 같은 방법으로 반복한다면 서사를 진전시키지 못한다. 지루하고 단조로운 흐름이 반복되고, 결국은 '그리고, 그리고, 그리고' 발표가 된다.

일일 워크숍으로 돌아가보자. 나는 그런 워크숍이 당신에게 별 도움을 주지 못하는 것 같다. 짧게 보면 재밌고 흥미롭긴 하다. 하지만 길게 보면 그것은 계속해서 잘못된 신호를 보낸다. 서사를 배우고 싶다면 깊고 진중하게 긴 시간을 할애할 각오가 되어있어야 한다.

다시 말하지만, 서사는 근육과도 같은 것이다. 운동을 한 시간 하고 부푼 근육으로 체육관을 나서는 것보다 한 시간짜리 워크숍을 듣고 서사 역학을 터득한다는 게 훨씬 더 어려운 일이다.

그런데도 도전하길 원한다면 기초적인 학습의 역학과 함께 어떻게 기존의 틀을 완전히 바꿀지도 생각해야 한다. 궁극적인 해법은 아직도 과학의 세계에 사는(나를 포함한) 까다로운 백인 할아버지에게서 나오는 것이 아니라 마음이 노쇠하지 않은 다음 세대에서 나오는 것이다.

직관은 일찍 형성된다

서핑을 떠올려 보자. 내가 해양생물학자로서 사는 동안 가장 두려운 스포츠는 서핑이었다. 나는 세계 최고의 해양생물학 연구실이 있는 아름다운 바다를 수도 없이 방문했다. 연구원들 대부분은 일과가 끝나면 서핑을 나갔고 나도 어쩔 수 없이 따라갔다.

그 경험이 좋지만은 않았다. 나는 항상 오후의 웃음거리였고 심지어는 위험한 상황에 빠지기도 했다. 보드 위에서 마냥 두 팔을 저었지만 내가 무엇을 하고 있는지 하나도 몰랐고 항상 파도에 패대기쳐지기 일쑤였다. 하와이에서도, 노스캐롤라이나에서도, 푸에르토리코에서도, 그리고 호주에서도 마찬가지였다(다행히 남극해에서는 서핑을 안 했다). 나는 서핑 얘기가 나오면 움츠러들기까지 했다.

그래도 나는 바다를 사랑했고, 언젠가는 보드 위에서 중심을 잡고 멋지게 파도를 타는 내 모습을 상상했다. 로스앤젤레스의 영화학교에 입학했을 때는 이런 서핑 결핍을 극복하고자 단단히 각오했다. 그리고 만 46세에 해내고야 말았다. 나는 10년 이상을 두 친구와 함께 매 주말 서핑을 나갔다. 서핑에 심취해서 엎어지면 바다에 닿을 수 있는 곳으로 이사까지 했다. 나는 짧은 보드를 타고 큰 파도를 타는 서퍼들 사이에서도 창피하지 않을 수준에까지 다다랐다. 하지만 하고 또 해도 초등학교 때 서핑을 시작한 친구들을 따라가지 못했다.

사실 작년에 서핑을 즐기는 친구와 함께 니카라과에 가서 25피트나 되는 괴물 파도를 타는 시도를 했다. 나에겐 역부족이었다. 저런 파도를 탈 수 있는 인간이 과연 있을까 생각했다. 그런데 어느 지점에 가자 건물만 한 그 파도를 마치 스케이트보드를 타고 언덕길을 내려가듯이 아무렇지도 않게 타고 있는 십대 소년들을 목격했다. 서핑의 요령은 파도가 들어올 때 보드를 어디에 둬야 할지를 아는 것이다. 나 같은 올드보이는 파도를 공부하고 머리를 사용해 그것을 터득하려고 한다. 열 살 남짓한 아이들이 무작정 파도를 탈 때, 이 아이들은 생각하지 않는다. 그냥 느낌으로 안다.

내가 하려는 얘기는 직관은 경험으로 얻는 것이며 46세보다는 어릴 때 훨씬 더 수월하게 얻을 수 있다는 것이다. 아이들은 백지장과 같다. 거기에 뭐든 그리면 된다.

과학 세계가 필요한 게 바로 이거다. 학부를 마치는 젊은 과학자들이 이미 서사 구조에 대한 직관을 가진 상태로, 이 책의 기본적인 개념을 흡수하고 뚜렷한 결과의 연구와 그렇지 못한 연구를 이해하며 나아가 논문의 초록을 보고 서사가 충분한지 그렇지 못한지를 직관적으로 알 수 있게 되는 것 말이다.

과학 세계는 서사를 이해하기 위해 1만 시간을 투자한 과학자들이 필요하다. 나는 글래드웰의 1만 시간 법칙을 처음 접했을 때 캔자스대학교의 친구들이자 대단한 이야기꾼들을 떠올렸다. 그들은 좋은 리듬과 흐름으로 이야기를 해주곤 했다. 그중 최고인 친구는 1960년대에 캔자스 서부의 한 농장에서 성장해 평생 이야기를 해왔다.

그들이 대학에 왔을 땐 이미 1만 시간이 넘는 이야기를 해온 뒤라고 믿어 의심치 않는다. 그들이 시끌벅적한 선술집에서 농장의 삶에 관한 이야기(대부분 성적 코드를 동반한 것들이었지만)로 사람들을 사로잡을 때 난 그걸 알아봤다. 그들은 어린 나이부터 이야기꾼으로 활동해왔고 강력한 서사적 직관을 갖추고 있었던 것이었다.

과학도에게 이른 나이부터 적법한 서사 교육을 제공하면 효과적인 커뮤니케이션을 구사할 줄 아는 새로운 유형의 과학자들이 탄생할 것이다. 그들은 무의식적으로 허위 긍정을 만들어내는 일이나 결과가 뚜렷하지 못한 연구를 지루한 방법으로 전달하는 것을 피하여 게재에 대한 편견의 폐단을 없앨 수 있을 것이다.

하지만 서사적 피트니스를 젊은 세대에게 가르치든 기존의 과학자들에게 가르치든 간에, 이 훈련은 누구에게나 유효할 것이다. 이 훈련은 할리우드 이야기 논리의 핵심을 과학에 적용하는 데 도움을 주고 과학자들의 서사적 결핍을 해소해 줄 것이다. 이 훈련이 바로 이야기 서클이다.

15

그러므로 이야기 서클을 추천한다

나는 과학계의 가장 큰 문제가 서사적 결핍이라고 굳게 믿는다. 과학계나 교육기관에 체계적인 서사 훈련과정이 없는 것이 원인이다. 과학발표들이 지루하고 혼란스러워져도 아무도 그것에 대해 비판할 수 없는 분위기가 형성되었다. 어디를 가든 나는 이런 불평의 소리를 듣는다. “과학이나 자연 분야의 모든 것이 과장되어 있어요.” 또는 “어떤 과학발표들은 정말 형편없어요.”

개선 방안으로는 두 가지를 논할 수 있겠다. 첫째는 개개인이 서사적 직관을 기를 수 있도록 긴 호흡의 서사 훈련을 제공하는 것이다. 둘째는 모든 교육기관에서 서사적 문화를 형성할 수 있도록 노력을 기울이는 것이다.

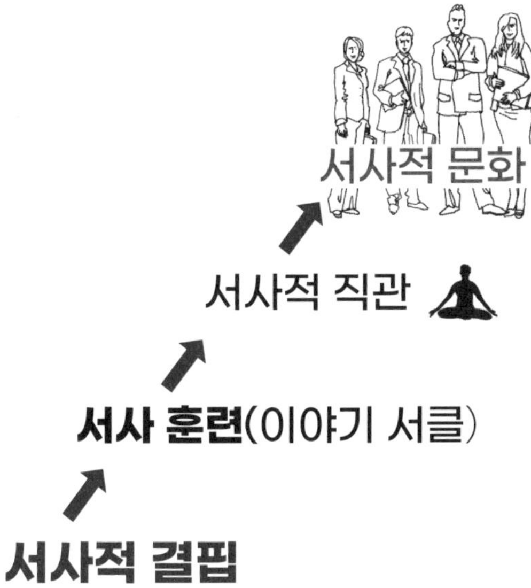

그림 17 서사능력 개발과정. 이야기 서클의 서사적 도구를 활용한 훈련이 서사적 직관을 기른다. 당신의 기관에서 많은 사람이 이 과정을 따른다면 서사적 문화가 자생할 수 있을 것이다.

과학단체나 교육 또는 연구기관에서 서사적 문화를 형성하면 훈련을 거쳐 기초적인 서사적 직관을 보유한 사람들이 생겨나고, 과학계 규범이 변할 수 있게 되는 것이다. 그들은 서사적 양식(부록A 참조)을 알고 서사적 단어(부록B 참조)로 말할 수 있게 되는 것이다. 요즘은 어느 정도 수위의 서사적 명료함과 결합을 요구한다.

배울 게 많다기보단 제대로 배울 필요가 있다. 이제부터 이것을 달성하기 위한 처방전을 제공하겠다.

이야기 서클:
서사적 문화의 창조

핵심(간결함)을 잘 찾고 중요한 것(흥미로움)에 집중할 줄 아는 기관이 있다고 가정해보자. 거기서 만일 누군가가 원고를 건네면서 "솔직히 말하면 이 원고는 '그리고, 그리고, 그리고' 성향이 강해요."라고 말했다고 치자. 그러면 사람들이 둘러앉아서 논의를 시작하는 것이다. "문제는 이거예요. 우리 프로젝트가 다소 미니플롯이라는 거죠."

불가능한 일이 아니다. 서사 구성능력이 다소 떨어지는 사람에게 상냥한 조언이 제공될 수 있는 문화가 형성된다면 말이다. 그것은 사람들이 한 방향으로 같이 움직이는 동반이행을 만들어낸다.

만일 어느 기관에서 이것을 성취한다면 그 기관은 서사적 문화를 형성하는 데 성공한 것이다. 나는 아직 그런 기관을 보지는 못했지만, 서사적 문화를 꿈꾸는 기관 관계자들은 많이 만났다. 어느 수족관에서 나는 관계자들과 두 시간 동안 다음 주제에 대해서 논의한 적이 있다. "우리 기관에 어떻게 서사적 문화를 형성할 수 있을까?"

서사적 도구의 실행으로 시작할 수 있다. 필요한 정보를 전달하는 보편적인 개념에서 출발해 보자는 뜻이다. 일반적인 스토리텔링 교육은 참가자들에게 방대하고 흥미로운 정보를 제공한다. 그들은 "와! 오늘 정말 많은 걸 배웠어. 머리가 터질 것 같아."같은 생각을 하며 집에 돌아가지만, 일주일 후에는 기억하는 게 별로 없게 되거나 아니면 머릿속이 혼란스러워진다.

나도 이것에 대한 아픈 기억이 있다. 나는 부친과 관련된 2차 세계대전에 관한 다큐멘터리를 연출한 적이 있다. 내가 주장하는 모든 지식에 반하게도, 나와 편집자는 AAA/DHY 영화를 만들었다. 우리는 조그만 극장에서 30여 명을 대상으로 시사회를 하고 관객들에게 설문지를 돌렸다. 그들은 내 영화에 찬사를 보냈다. 나는 이번 작품이 내가 만든 영화 중 최고라고 생각했다. 시사회가 끝나고 편집에 대해 논의하면서 몇몇 사람들이 이렇게 말했다. "이 영화는 너무 많은 정보와 방향이 잠재되어 있어서 정리하려면 며칠 더 필요할 것 같아요."

나는 그때 그 말이 칭찬인 줄 알았다. 그리고 일 년이 지나서야 그게 칭찬이 아니라는 걸 깨달았다. 너무 많은 정보를 담은 '그리고, 그리고, 그리고' 형식의 복잡한 영화라는 빨간 경고성 깃발이었는데. 영화는 참 어렵다. 나는 아직도 그 영화를 편집 중이다. 복잡함은 짧은 순간엔 반짝 빛날 수 있지만 길게 보면 치명적이다.

내가 주장하는 교육법은 몇 가지 간단한 요소들과 그것을 활용한 사람들의 훈련이다. 기본적인 것들을 배웠을 때 사람들의 머리는 절대 복잡하지 않다. 하지만 그 정보들은 시간이 지나도 쉽게 기억할 수 있으며 점점 더 깊은 직관적 요소들로 개발해나갈 수 있다.

내가 이것을 왜 신체적 피트니스와 비교했는지 이제 알 수 있을 것이다. 서사적 피트니스의 결과는 서사적 직관이다.

과학을 위한 이야기 서클

과학기관은 프로그램 안에서 어떻게 서사 훈련을 실행할 수 있을까? 영화제작 경험을 통해 나는 이야기 개발 자체보다는 연구주제를 기획할 수 있는 일반적인 서사 기법과 그것이 서사적 직관으로 이어질 수 있는 작은 '이야기 서클'을 활용할 것을 권고한다. 나는 이 이야기 서클을 여러 대학에서 실행해 좋은 성과를 얻었다.

이야기 서클의 핵심에는 할리우드에서 항상 진행하는 '이야기 개발'이 있다. 매년 무수한 시나리오들이 작성된다. 그리고 대부분은 지속적인 개발을 요한다. 많은 사람이 수년 동안 시나리오를 쓰고 또 쓰는 '개발 지옥'에 빠진다. 만일 시나리오작가에게 지난번 그 시나리오는 어떻게 됐냐고 물으면 그들은 아마 최선의 경우에는 '기점'에 있거나 최악으로는 개발 지옥에 빠진 상태라고 대답할 것이다. 그 대답은 그 시나리오가 영영 빛을 못 보는 것을 의미할 수도 있다.

물론 우리가 이러한 할리우드 영화산업과 겨뤄야 한다는 것은 절대 아니다. 내가 말하고자 하는 것은 이러한 이야기 개발이 서사적 직관을 기르는 것이라는 사실과 그것은 그룹으로 실행할 때 가장 좋은 효과를 볼 수 있다는 것이다. 이야기 서클을 추천하는 이유다.

영화학교는 첫날부터 '영화는 공동작업의 매체'라는 개념으로 이런 그룹 훈련을 시행했다. 물론 영화는 혼자 만들 수도 있지만 그건 바보 같은 짓이라는 뜻이다. 결국에는 어딘가 부족하며 '많은 걸 하지만 특별히 잘하는 건 없다'

는 결과로 이어지기 때문이다.

만일 당신이 재능 있는 사람이라면 70%는 당신의 '목소리'로 채울 수 있을 것이다. 하지만 나머지는 타인의 도움이 필요하다. 그들은 당신이 미처 보지 못하는 것을 볼 수 있게 해준다. 당신의 잘못된 생각(당신은 재미있다고 생각했는데 관객은 재미없어하거나, 당신은 진중한 드라마라고 생각했는데 관객은 웃거나)에 객관성을 불어넣어 주며 더 많은 관객을 확보할 수 있도록 폭넓은 목소리를 구축하는 데 도움을 준다.

다른 사람들과 공동작업을 하면 이런 갖가지 혜택들이 있다. 쉽지 않은 과정이지만 필수적이다. 이 과정은 협동심을 키우고 협동심은 과학자로서 평생 필요한 것이다.

그래서 제안한다. 기초적 서사 요소들을 훈련할 수 있는 작은 그룹을 결성하고 정기적으로 만나라. 가능하다면 5명 정도의 그룹으로 매주 만나기 바란다. 처음엔 10주간만 시도해보자. 처음 몇 주는 도움이 되는지 안 되는지도 잘 모르지만 거듭되면 상당한 차이를 만든다.

처음엔 "또 이거야?"라는 느낌으로 싫증이 나고 지루할 것이다. 하지만 시간이 지나면 '벽을 허무는 시간'이 도래할 것이다. 왜냐고? 영화학교에서 2년 동안 마이즈너 연기법을 훈련하면서 같은 생각을 했지만 이 경험이 결국은 《말문 트인 과학자》에 대한 핵심 아이디어를 제공해줬기 때문이다. 그 과정에 대해 한 선배가 나에게 경고한 적이 있다. 그녀는 나에게 "집에 가는 길에 낙심하고 심지어는 우울하다는 생각도 들 거야. 하지만 어느 날 '드디어 알았어!'란 번뜩임과 함께 자극과 영감을 받고 마음속에 불덩이가 생기는 것을 경험할 수 있어."라고 말했다.

그녀의 말 그대로였다. 어떤 날들은 고문 같기도 했다. 하지만 벽을 허무는 순간은 어김없이 찾아왔다. 마치 발명의 특사들처럼 '와, 드디어 터득했어!'라고 느끼는 발견의 순간들이 있었다. 직관이 쌓이는 순간은 한순간이 아니라 굴곡을 거치기도 하면서 시간을 두고 서서히 누적되는 것이다. 그게 마이즈너 연기법의 반복훈련이다.

배우는 직관을 안다

분석을 직관으로 바꿀 수 있는 사람들이 있다면 그건 배우들일 것이다. 직관이 아닌 뇌를 사용하는 것은 미숙한 연기다. 나의 괴물 연기 선생님이 매일 밤 소리친 것처럼 말이다. "너희는 항상 머리만 쓴다고!" 학자였던 내게 특히 그랬다.

마이즈너 연기법의 반복훈련은 전설적이다. 그레고리 펙Gregory Peck부터 그레이스 켈리Grace Kelly, 미셸 파이퍼Michelle Pfeiffer, 그리고 제임스 프랑코James Franco까지 무수한 배우들의 증언을 들을 수 있다.

매주 한 시간을 '그들이 말한다, 내가 말한다'처럼 두 부분으로 나눌 것을 제안한다. 처음 반은 '그들이 말한다'로 워밍업을 한다. 과학 논문의 초록을 서사 스펙트럼으로 분석하는 것이다. 그룹이 초록을 공유하고 구성을 살펴본 뒤 그것이 서사 스펙트럼의 AAA, ABT, 그리고 DHY 중에 어디에 속하는지 가능해보는 것이다. 그런 분석이 더해질 때마다 서사적 직관이 나노미터씩 복부의 영역으로 다가가는 것이다.

나머지 반은 '내가 말한다' 부분으로 그룹의 한 명이 자신이 진행하는 연구의 '이야기'를 공유하는 것이다. 개인연구의 여정에 관한 현실적 이야기도 좋고 연구 자체의 이야기라도 좋다. 전체적인 발표보다는 연구나 공부 혹은 프로그램 등의 ABT가 더 바람직하겠다.

한 사람이 ABT를 구성하는 동안 다른 사람들은 비평이나 분석 없이 그것을 듣고 "위기는 무엇인가요?", "너무 보편적이지 않나요?", "서사가 진전되나요?", "감동적인 부분은 없을까요?" 같은 필수적인 질문을 해줄 수 있다.

그리고 마지막 질문은 문장 양식의 요소들로 이어진다. "더 깊게 개발할 수 있는 '한숨 돌리는 순간'이 있을까요?" "'결점 있는 프로타고니스트'가 더 드러날 수 있는 부분은 없을까요?" "'암흑의 시간'이 있을까요?"

ABT가 탄탄하게 구성되면 그룹은 도브잔스키의 단어 요소로 옮겨갈 수 있다. 이야기의 핵심단어가 있을까? 없을 수도 있다. 하지만 생각해보지 않으면 알 수 없는 일이며 소리 내어 공유하고 다른 사람들의 조언을 받기 전엔 얻을 수 없을지도 모른다.

일일 워크숍들은 오프닝에 불과하다. 내가 하루 동안 방문해서 모든 사람이 흥미를 느낄 수 있도록 할 수는 있겠지만 몇 주가 지나면 내가 얘기한 것들은 거의 사라지고 아주 일부만 머릿속에 남을 것이다. 하지만 이야기 서클이 반복되면 당신은 타인의 도움으로 실질적인 방법의 핵심으로 다시 들어갈 수 있게 되고 서사적 직관은 점점 더 성장할 것이다. 훌륭하거나 완벽한 서사적 직관의 단계까지 다가가는 것, 그것이 나의 궁극적인 목표다.

지루할까? 내용이 계속 바뀌면 그렇지 않을 것이다. 나는 마케팅 전문 서비스 협회에서 30명이나 되는 인원으로 이야기 서클을 만들고 서로 ABT를 크게 읽도록 하면서 워크숍을 진행한다. 26번째 참가자쯤 가면 사람들이 '세 단어 훈련은 이제 그만!'이라는 생각을 하지 않을까 걱정이 되긴 하지만 그런 일은 절대 일어나지 않는다. 각각의 ABT가 새롭고 흥미로워서 그렇다. 구성의 발판이 되지만 내용의 그늘에 가려 잘 보이지 않는 세 단어. 그게 이야기의 힘이다.

서사 훈련의 효과가 하룻밤에도 나타날까?

내가 미친 건가? 20년 동안의 할리우드 수용소가 나의 상식을 무너뜨린 건가? 나는 과연 과학계의 서사적 결핍을 개선할 수 있다고 믿는 건가?

어쩌면 그럴지도 모른다. 하지만 내가 장담할 수 있는 건 그것은 시간이 필요한 일이라는 사실이다. 과학계는 새로운 것이나 혁신을 무척이나 경계하며 위원회나 동료평가로 운영되는 엄청나게 보수적인 분야다.

과학계는 얼마나 천천히 변할까? 과학 철학자인 토마스 쿤Thomas Kuhn은 1962년의 입지전적 저서 《과학혁명의 구조The Structure of Scientific Revolutions》에서 과학의 변화에 관한 하나의 예를 제시했다. 그는 과학계의 기존 패러다임이 천천히 변화하고 있다고 말한다. 한 방향의 정점을 향해 가는 정황들이 모이는 '패러다임 변화지점'에 대해서도 언급한다. 그게 이뤄져야 변화가 급격해진다.

과학계가 서사와 관련해서 어떻게 변화해 왔는지 살펴보도록 하자. 변화가 빨리 이뤄졌나? 좋은 아이디어가 제공되었을 때 사람들이 "좋은 아이디어야. 나도 바꿀 거야!"라고 말하는가? 변화가 느리지만, 꾸준히 일어났나? (진화에 대한 질문과 똑같다. 서서히 일어났나 아니면 짧고 빠르게 일어났나?)

책의 처음으로 돌아가서 그림 1을 다시 보자. 이제 우리는 여정의 한 바퀴를 돌았다. 플롯의 형태를 보라. 시간에 따른 변화가 우리에게 무엇을 말해 줄까? 40년 동안 저항하다가 하루아침에 변했나? 아니면 40년 동안의 저항 후 IMRAD를 완벽하게 수용했나?

아니다. 불행히도 이 그래프는 보수적인 과학계의 가슴 아픈 자화상을 보여준다. 그래프는 아주 느리고 꾸준한 직선 형태다. 중간에 굴곡이 있긴 하지만 아주 미미하다. 어쩌면 학술지 편집자들이 수년에 거쳐 마지못해 정보를 줬기 때문인지도 모른다. 편집자들이 자문위원단에 정보를 줄 것을 종용했을 확률이 더 높다. 슬픈 얘기지만 이런 추세로 간다면 논문초록의 완벽한 ABT 양식적용은 내 110번째 생일 즈음에나 이루어질지 모른다.

완벽한 과학자의 탄생

'완벽한 과학자'를 생각할 때 나는 무엇을 떠올릴까? 내가 과학자나 과학 세계에 대한 비판을 너무 많이 하니까 어떤 사람들은 내게 이렇게 묻는다. "전문가님, 우리가 어떻게 하면 좋을까요?" 나는 명확한 대답을 해줄 수 있고, 그 대답은 커넥션 워크숍처럼 두 부분으로 나뉜다. 대뇌와 복부로 말이다.

완벽한 과학자의 복부 쪽은 AAAS 레멜슨 발명 특사들을 보고 느낀 것으로 설명하고자 한다. 그들은 그야말로 롤모델이다. 매우 똑똑하고 교육을 잘 받았으며 아주 정확한 과학자들로, 굉장히 창조적이며 생각의 폭이 넓고 타인의 이야기를 잘 들으며 비언어적 사고가 가능하다. 그리고 가장 중요한 것은, 그들은 다른 사람들과 잘 어울린다.

나는 수년 동안 수천 명의 과학자를 만났고 지난 10년간 수백 명의 과학자와 워크숍을 함께 했다. 그중 발명 특사로 만난 6명의 과학자가 남달랐다.

그들은 브라이언 팔레르모가 가르친 즉흥연기 부분을 모두 흡수했으며 얘기도 잘 들었다. 대다수 과학자와는 다르게 그들은 타인의 얘기를 잘 듣고 새로운 것을 적용하기 위해 긍정적인 태도로 최선을 다했다. 그들에게 피드백을 줄 때 나는 그들의 행동을 세밀하게 관찰했다.

그들은 협동심을 발휘했다. 첫날부터 그걸 느낄 수 있었다. 그들은 궁금증과 흥미를 가지고 서로에게 질문도 하면서 타인의 대답을 경청했다. 잘난 척하는 사람은 아무도 없었고 모두 겸손했다.

발명가이니만큼 그들은 또한 굉장히 창조적이었다. 내가 그들의 발표문

그림 18 완벽한 과학자. 완벽한 과학자는 양쪽 스펙트럼에 모두 강하다. 창조적이고 타인의 말을 잘 들으며 인간적인 콘텐츠에 대한 감성이 있으면서도 과학이 궁극적으로 요구하는 날카로움과 맹렬함을 보유하고 있다.

에 대해 "당신이 나노기술에 어떻게 흥미를 갖게 됐는지 알 수 있게 일화를 얘기해 줄 수 있나요?" 같은 의견을 냈을 때 "내가 왜 그래야 하는데요?", "사람들이 관심이나 있겠어요?" 등의 부정적인 반응은 찾아볼 수 없었다. 그들은 내 얘기를 차분히 듣고 "알겠습니다."라는, 즉흥연기에 필수적인 긍정의 요소로 답했다. 비록 그들이 즉흥연기 훈련을 받지는 않았지만.

내가 즉흥연기 수업을 하는 건 아닌지 착각한 순간도 있었다. 즉흥연기의 전형적인 훈련으로 '다음 선택'이라는 것이 있다. 만일 참가자가 "새 차를 구매했다."라고 말했을 때 선생이 "다음 선택!"이라고 소리치면 배우는 "새 트럭을 구매했다.", "새 탱크를 구매했다."처럼 이전의 선택보다 더 큰 선택을 말해야 하는 훈련법이다. 즉흥연기에 능숙한 배우는 다음 선택을 망설임 없이 바로바로 내뱉는다. 그렇지 못한 배우는 반응을 멈추고 생각의 미궁에 빠진다.

내가 새로운 내용을 요구했을 때 그들은 미궁에 빠지거나 부정적인 태도로 나오지 않고 바로바로 다른 제안을 했다. 모든 면에서 그들은 즉흥연기의 특징을 보여줬다.

그건 우연이 아니다. 즉흥연기는 창의력을 키운다. 발명가들은 상당히 창의적이다. 창의력은 '머리를 쓰지 않는 것'을 요구한다. 즉 뇌의 스펙트럼에서 나오는 부정적인 메커니즘을 억제하는 것이다. 그들은 창의력으로 일관된 삶을 살았다. 문제를 인지하고 창의적이고 비언어적인 해법을 찾아내면서, 근시안적으로 모든 것을 차단하는 게 아니라 직관으로 아이디어를 탐구하는 것이다.

그들과 함께한 시간은 과학자에 대한 나의 고정관념을 무너뜨렸다. 좋은 과학자이면서도 창의적일 수 있다는 생각을 하면서도 의심을 거두지는 못했었는데 이제는 그렇지 않다.

완벽한 과학자의 또 다른 요소는 이 책의 핵심주제와 같다. 바로 서사적 직관이다. 역대 노벨상 수상자들을 모두 조사할 시간이나 자료는 없지만, 내가 언급했던 랜디 셰크먼이나 제임스 왓슨 같은 사람들은 강한 서사적 직관이 있을 것으로 추측한다. 그 또한 우연이 아니다.

완벽한 과학자는 훌륭한 서사 구성으로 소통하는 데 그치지 않는다. 그들은 과학연구의 서사적 측면에 대한 강한 이해가 있어서 현존하는 허위 긍정이나 뚜렷하지 않은 결과를 가진 논문의 낮은 게재율에 대한 문제를 깊이 인식하고 있을 것이다.

과학자가 이런 모든 특성을 갖추는 일은 가능하며 현존하는 과학자 중에도 이런 대단한 사람들이 있다. 노력이 필요할 뿐이다. 과학초년생들을 가르쳐야 하고 또 격려해야 하는 이유다. 적법한 훈련과 시각을 통해 누구나 경지에 오를 수 있다. 다시 큰 그림으로 돌아가 보자.

이런 인생관

내가 만난 최고의 과학자는 스티븐 제이 굴드다. 나에게 그는 완벽한 과학자다. 1970년대 후반, 그가 아직 과학초년생일 때 나는 그와 함께 시간을 보내는 영광을 누렸다. 그는 뇌(48세에 전미 과학아카데미의 회원이 되었다)와 복부(유머가 많고 감동적이다), 두 부분이 모두 완벽했다. 하지만 과학자로서의 그의 삶은 안타깝고도 슬픈 결말을 맞이했다. 결국엔 스스로 칼을 꽂은 격이 됐으니.

굴드는 활동 내내 과학자들의 인간성에 대해 경고했다. 그는 25년 동안 《자연사》지에 '이런 인생관This View of Life'이라는 제목의 칼럼을 실었다. 그는 필트다운인에 대한 이야기나 산파개구리의 사례, 그리고 다윈 전에 진화를 잘못 해석해 웃음거리가 되었던 라마르크에 대한 존경의 논쟁도 벌였다. 그의 일생의 업적이었다. 그는 큰 이야기를 하고자 하는 인간의 약점을 이해하지 못하면 과학자를 이해하기 어렵다고 했다.

내가 그를 처음 만났던 1978년도에 그는 《사이언스》지에 게재된 그의 논문 초록에서 그것에 관한 경고를 했다. "거짓에 대한 무의식적 또는 흐릿한 인식은 과학계의 고질적인 문제다. 과학자들도 문화적 맥락에 뿌리를 두고 있는 인간이기에 진실을 추구함에 무조건적이지는 않다." 하지만 안타까운 부분은 이거다.

그가 사망하고 몇 년 후 그의 가장 중요한 업적인 〈인간에 대한 오해The Mismeasure of Man〉도 진실을 추구함에 실패했다는 결론이 내려졌다. 그 책에서 굴드는 1800년대 의사 사무엘 조지 모턴Samuel George Morton이 인간의 뇌 용량을 측정하는 데 있어 인종차별주의적 성향을 보였다고 주장했다. 나는 굴드가 화요일 점심식사 모임에서 모턴이 데이터를 '속였다'고 말했던 걸 기억한다. 그의 눈에서 좋은 이야깃거리를 발견했다는 흥분의 빛을 읽을 수 있었다.

2011년에 두 명의 인류학자들은 굴드의 연구에 확증편향, 즉 원하는 결과를 얻어내는 데 수월한 데이터만을 활용한 잘못이 있다는 사실을 발견했다. 이 보고서에서 그들은 "아이러니하게도 모턴에 관한 굴드의 분석은 편향적 결과에 대한 더 명백한 사례가 된다."고 결론지었다. 굴드가 알면서도 그렇게 했는지는 아무도 모른다. 하지만 그가 허위 긍정의 결과를 위해 글을 편향적 방향으로 몰고 간 것은 명백하다.

이것은 굴드의 유일한 실수로 기록된다. 하지만 이 사건은 아무리 대단한 과학자라도 뇌의 서사적 프로그램 오류의 희생양이 될 수 있다는 걸 보여줬다. 모든 과학자는 이런 인간적 약점과 그것이 연구의 저변에 깔릴 수도 있다는 사실을 항상 염두에 둬야 한다. 그러기 위해서 서사를 배제하는 것이 아니라 완벽한 이해를 위해 그것을 직시해야 한다.

그러므로(책을 마무리하기 위한 적합한 단어)…… 굴드의 월간 칼럼의 제목인 '이런 인생관'의 영혼을 담아 나도 당신에게 서사의 관점에서 사물을 바라볼 수 있는, 조금은 다른 인생관을 제공했기를 간절히 바란다. 각종 이야기를 보고 들은 뒤 그것이 서사 스펙트럼의 어느 영역에 포함되는지를 가늠할 수 있다면 더없이 좋을 것이다. 우리는 매일 뉴스를 통해 ABT를 듣는다. 최근에 내가 공영 라디오에서 들은 이야기를 요약하면 이렇다. "사무실 건물의 반사유리 사용은 환경적으로 효율이 높다. **그리고** 그것은 유행이 되었다. **하지만** 반사되는 햇빛이 주변 건물에 피해를 줄 수 있다. **그러므로**……."

당신도 주변의 과학연구를 보면서 그것이 아크플롯·뚜렷한 결과·ABT 구성인지 미니플롯·뚜렷하지 않은 결과·AAA의 지루한 구성(때론 솔직한 게 훨씬 더 좋다)인지를 가늠해보기 바란다. 그렇게 해보면 당신에게 새로운 서사역학의 세계가 열릴 것이다.

만일 그것을 바로 판단할 수 있는 경지에 올랐다면, 당신은 내가 연구나 커뮤니케이션에 대해 경고한 오류들을 피할 수 있는 서사적 직관의 수위에 다다른 것이다. 이런 변화를 만들어낸다면 당신의 인생관에도 큰 변화가 올 것이다. 그리고 어느 날 머나먼 행성에서 지구를 바라보며 무엇 때문에 이곳까지 왔는지를 지구인 친구들에게 설명하기 위해 이렇게 말할지도 모른다. "휴스턴, 우리에겐 서사가 있어!"

부록 A

서사 도구

단어

도브잔스키 양식

________을 제외하면 ________의 어떤 것도 설명할 수 없다.

문장

그리고, 하지만, 그러므로 양식(ABT)

________ 그리고 ________, 하지만 ________, 그러므로 ________.

문단

로그 라인 만들기 양식 (도리 바톤 개발)

평범한 세상에서, ____________________

결점 있는 프로타고니스트, ____________________

그/그녀의 세계에 충격을 안겨줄 사건, ____________________

한숨 돌린 후, ____________________

프로타고니스트가 행동을 취하다, ____________________

하지만 갈등은 고조되며, ____________________

프로타고니스트는 교훈을 얻어야 한다, ____________________

안타고니스트를 저지하려면, ____________________

목적을 달성하려면, ____________________

ABT 단어

ABT 단어와 교체 가능한 단어

동의	반대	결과
그리고	**하지만**	**그러므로**
또는	그런데도	그래서
동등하게	할지라도	따라서
꼭 같게	그렇지만	이와 같이
독특하게	역으로	그런 이유로
…처럼	그것보다는	그러자
더욱이	반면	그에 맞춰
마찬가지로	…이긴 하지만	그 결과
나아가	그것과 달리	이후로
똑같이	그 대신에	그리하여
유사하게	…일지라도	그런 경우에

부록 B

서사 단어

맥키의 삼각 구조

맥키의 삼각 구조 맥키의 책 《Story: 시나리오 어떻게 쓸 것인가》에서 이야기의 서술 구조를 개념화하는 장치

아크플롯 많은 관객을 확보할 수 있는 오래되고 가장 널리 알려진 이야기 구조(예: 블록버스터 영화)

미니플롯 아크플롯 반대급부의 이야기 구조로 플롯의 중요성은 최소화되고 캐릭터 비중이 높음(예: 예술 영화)

안티플롯 플롯이 없는 구조

서사 스펙트럼

AAA '그리고And, 그리고And, 그리고And.' 비서사를 의미

ABT '그리고And, 하지만But, 그러므로Therefore.' 최적의 서사 형태

DHY '그런데도Despite, 할지라도However, 그렇지만Yet.' 과잉 서사를 의미

도브잔스키 양식 주제/핵심/메시지를 찾는 도구

잡화 더미 AAA 구조로 얻게 되는 것

의미 있는 그림을 만들어내지 못함 주제가 없을 때 발생하는 것

프레임 일련의 사건이 놓여있는 상황

서사 문제의 해답을 찾기 위해 일어나는 사건들

서사 스펙트럼 없음에서 최적 그리고 과도함까지, 서사 구조의 범위

뚜렷하지 않은 결과 명확한 패턴이 없는 과학연구

뚜렷한 결과 명확한 패턴이 있는 과학연구

주제/핵심/메시지 서사에 의미를 부여하는 요소들

이야기 사이클 조지프 캠벨이 《영웅의 여정》을 12개 부분으로 나눈 것

로그 라인 만들기 블레이크 스나이더의 《흥행하는 영화시나리오의 8가지 법칙》에서 추출한 또 다른 이야기 양식

부록 C

트위터 '이야기들'

트윗의 길이가 서사 구조로 적합할까?

ABT가 한 가지 답을 제공한다. 커넥션 스토리메이커 워크숍의 참가자들은 워크숍에서 사용할 이야기를 미리 준비한다. 우리는 그들의 이야기를 ABT 양식에 적용하도록 안내하고 그것을 사전에 이메일로 받는다. 우리는 각각의 ABT 문자 수를 측정해 그룹별로 평균을 냈다. 그림 19에서 볼 수 있듯 ABT 문자 수의 평균치는 트윗의 최대치인 140자의 두 배 정도가 나왔다.

가장 기초적인 서사 구조의 평균 길이가 트윗 최대치의 두 배라면 트윗은 어떻게 해서 140자로 설정되었을까? 서사 전문가들로 구성된 국제위원회가 결정했을까? 아니면 커뮤니케이션의 대가들이 모여 짧은 서사의 최적 길이를 계산했을까?

아니다. 트위터는 160자로 구축된 SMS 문자메시지를 기반으로 구축됐다. 2009년도에 마크 밀리안Mark Milian이 《로스앤젤레스 타임스》지에 기고한 것처럼, 1985년에 독일 출신의 컴퓨터 선구자 프리드헬름 힐레브란트Friedhelm Hillebrand가 그것이 기본적 서술문에 적합한 형태라고 주장했다. 그는 두 가지 주요요소를 근거로 이런 결정을 했다. 하나는 우편엽서의 길이였고(예: 슈투트가르트Stuttgart에서 재밌는 시간을 보내고 있어. 함께였으면 더 좋았을 텐데.) 다른 하나는 텔렉스Telex•의 길이였다(예: 차 사고를 냈어. 바로 돈 좀 보내줘!). 그는 160자를 SMS의 평균 길이로 정한 글로벌 커뮤니케이션 서비스위원회의 회장이 되었다.

하지만 〈콜베어 리포트〉의 호스트인 스티븐 콜베어Stephen Colbert는 그런 비서사적 매체의 폐단을 직접 경험했다. 2014년 3월에 그는 워싱턴 레드스킨스 미식축구팀의 이름과 흡사한 가짜 아시아인 재단 이름을 소재로 인종차별적 농담을 했다. 전후 설명 없이 들으면 아시아인들에게 모욕적일 수 있

• 텔렉스 가입자들 사이에 인쇄 전신기를 사용하여 통신할 수 있는 전신 서비스를 말한다. 인쇄전신기를 사용하기 때문에 전화와는 달리 통신의 내용이 기록·보존되므로 부재시에도 통신이 가능하다. 또 일반적인 전신에 의한 전보와 달리 즉시 정보교환을 할 수 있다. 국제전기통신연합에서 규정한 표준과 운용 기준에 따른 최초의 국제 공동통신매체였고, 가입전신 네트워크에 접속된 사람은 누구나 다른 접속자와 전갈을 주고받을 수 있었다. 현재는 언론 기관이나 기업의 국제 통신용으로 사용한다.

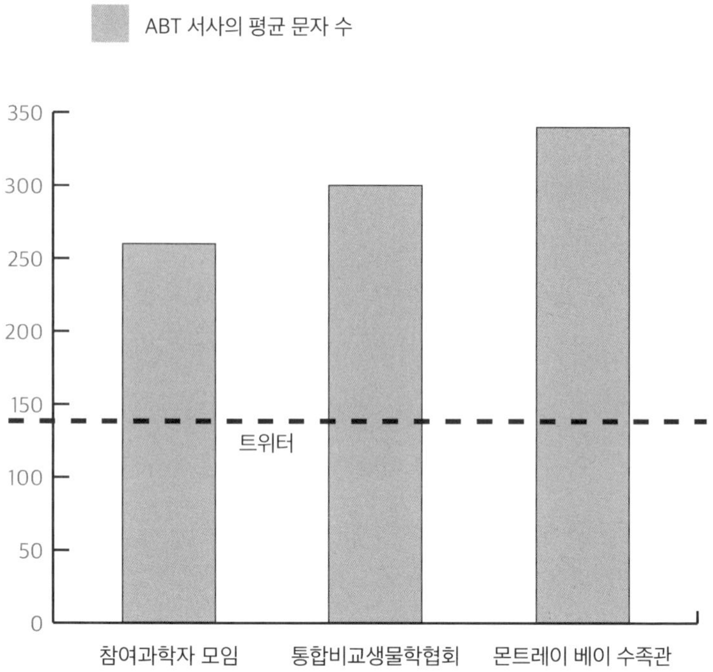

그림 19 ABT 길이 vs 트윗의 길이. 각 그룹의 참여자는 최소 20명이다.

던 그 농담 코드는 농담의 전후 배경을 설명하는 서사적 내용 없이 트위터를 통해 전파되었다. 그로 인해 논란이 불처럼 일었고 콜베어는 다음 쇼에서 "단 140자로 이런 오해를 불러일으킬 줄 누가 알았겠는가?"라고 반응했다.

그는 당일 밤 자신의 쇼에 트위터의 공동창업자 중 한 명인 비즈 스톤을 초대해서 논란의 불을 껐다. 대담과정에서 스톤은 트윗의 최대 길이가 완전한 생각을 전달하기에는 적합하지 않다는 것을 인정했다. 그 대응으로 콜베어와 관계자들은 더 긴 길이의 트윗이 가능한 새로운 트위터 버전을 구상 중이라고 발표했다. 나는 평균 ABT의 길이인 300자 정도를 제안한다.

감사의 말

나는 진실을 믿는다. 특히 과학 커뮤니케이션의 경우엔 더욱 그렇다. 그래서 나에게 뼈아픈 진실을 전해준 누군가의 얘기를 하려고 한다.

2010년 봄, 시러큐스대학교를 방문했을 때 나는 테리 에팅거Terry Ettinger라는 과격한 온실관리자를 만났다. 사무실에 들어갔을 때 그는 흥분한 표정으로 내가 쓴《말문 트인 과학자》를 들고 있었다. 그가 소리쳤다. "난 원래 책을 안 읽는데 친구들이 하도 보라고 해서 당신 책을 읽었다고. 그런데 멈출 수가 없었어. 이 책이 왜 그렇게 좋았는지 알아요?"

내가 그걸 어떻게 알겠는가. 그가 말을 이어갔다. "왜냐하면, 당신이 유머와 감정을 실어 이야기하라고 했는데 책을 보니 당신도 그렇게 했더라고." 그저 감사할 따름이었다.

세 시간 후 교수와 학생들을 대상으로 강연을 마치는데 그가 맨 앞줄에서 손을 들고 있었다. 나는 제일 먼저 그를 가리켰다. 그는 벌떡 일어서더니 대중을 향해 돌아서서는 나에게 했던 그대로 내 책을 칭찬했다. 내가 뿌듯함과 감동에 젖어 있는데 그가 다시 나를 향해 돌아섰다. 그의 표정이 어두웠다.

"그런데 솔직히 말해서 오늘 강연은 좀 지루했어요. 아무 이야기도 없었고 유머도 없었고 감정도 없었다고. 그냥 지루했어."

진실은 아프다. 강연장 반대편의 한 여인이 나를 옹호하려는 시도를 했다. 하지만 나는 이렇게 말하고 싶었다. "앉으세요, 여사님. 이분 말이 맞아요." 진심이다. 내가 방금 한 강연은 모조리 '그리고, 그리고, 그리고' 구조였다. 내가 하지 말라고 했던, 유머도 감정도 이야기도 없이 내 책의 내용을 그대로 읊는 형식 말이다. 휴스턴, 문제가 있었어.

그래서 용기 내어 진실을 얘기해준 테리 에팅거에게 제일 먼저 감사의 말씀을 드리고 싶다. 과학계에 절실하게 필요한 행동이었다. (하지만 조금만 더 재치있게 말했더라면 훨씬 더 좋았을 것을.) 모든 것에서 서사를 찾아내는 건 힘든 도전이며, 이 책의 메시지다. 그러므로 그것을 찾는 데 도움을 준 모든 분에게 빚을 진 셈이다.

우선 브루스 르웬스타인Bruce Lewenstein, 제닌 라노테Jennine Lanouette 그리고 제리 그라프Jerry Graff에게 감사드린다. 브루스는 20년의 과학경력동안 IMRAD를 몰랐던 나에게 그것을 알려줬다. 제닌은 영화전공으로 예술학석사를 받고도 잘 모르던 3막 구조를 알려줬다. 그리고 제리는 평생을 타인과 논쟁을 하고도 잘 알지 못했던 논쟁의 DNA를 깨우치게 해 주었다.

'체력상'은 연안 및 에스투아린 연구 연맹Coastal and Estuarine Research Federation의 해수면 상승 패널에서 나와 함께 다른 과학자들이 하지 않는 모험을 용기로 감행해준 마이크 오바크Mike Orbach와 게리 그릭스Gary Griggs에게

드린다. 나는 이 책에서 소개한 이야기의 모든 세세한 버전을 그들과 공유했으며 그들은 그것을 개의치 않았다. 패널의 성공은 '우리가 우습게 보이나?' 사건을 포함한 모든 과정을 통해 이룩된 것이다. 그 패널을 진두지휘한 메건 발리프Megan Baliff에게 특별히 감사드린다.

이 책은 어떤 부분에서는 대중의 정보로 구축된 것이다. 나의 강연과 워크숍을 참여한 무수한 사람들이 지혜를 제공했다. 대표적으로는 내가 몬태나 대학에서 했던 강연을 듣고 12장에서 언급한 미국 국립공원 관리청의 과제를 얘기해준 팀 올리프Tim Olliff다. 독자들 팀인 벡 길Bec Gill, 제이드 로벨Jayde Lovell, 재키 이어리Jackie Yeary, 그리고 스테프 인Steph Yin처럼 무수한 사람들이 책의 완성에 일조해주었다.

다음으로는 지난 두 권의 책 감사말에 등장한 유력한 용의자들이다. 그 때 나를 도와줬던 사람들이 여전히 내 얘기를 들어주고 지원해준다. 거기에 더할 새로운 인물로 스토리텔링 친구인 파크 호웰Park Howell, 커넥션 공동창작자인 도리 바톤Dorie Barton과 브라이언 팔레르모Brian Palermo, 나의 오래된 할리우드 지원자인 크리스티나Christina와 폰Fawn, 그리고 학부생일 때 무수히 많은 조개를 자르던 나를 곁에서 지켜보았으며 현재도 과학적 조언을 주고 있는 다이애나 파딜랴Dianna Padilla에게 감사드린다. 또한, 내가 가장 존경하는 기자인 필립 마틴Philip Martin, 앤디 레브킨Andy Revkin, 그리고 데이비드 프리드먼David H. Freedman에게 감사드린다.

최근에 중요한 인물로 떠오른 '주차장 영혼의 자매'이자 나의 단점 이면의 것들을 볼 줄 아는 AAAS의 셜리 말콤Shirley Malcom, 그녀의 공모자 마이크 슈트라우스Mike Strauss, 이야기 서클 공동작업자이자 이 책의 무수한 생각과 메시지, 의견을 종합하는 데 도움을 준 제이드 로벨, 그리고 항상 새로움을 추구하는 나의 영원하고 변함없는 친구, 사만다에게 감사드린다.

지난 책을 쓸 때도 그랬듯이 훌륭한 그래픽아트를 제공해준 버네사 '노하트' 메이너드Vanessa 'No Heart' Maynard와 멋진 키클롭스 그림을 제공해준 트래비스 라이트Travis Wright에게도 감사드린다.

나의 첫 번째 저서 제안서에 멋진 거절의 편지를 써 주어 시카고대학교 출판사에 송고를 시도할 동기를 제공해준, 큰 빚을 진 편집자 크리스티 헨리Christie Henry에게도 감사드린다. 그녀는 이 책을 위해 엄청난 팀을 구성했다. 이 책의 제목을 제공해준 홍보담당자(창의력을 갖춘 홍보담당자를 만났으니 이보다 더 행운이 있을까?) 리바이 스탈Levi Stahl, 책의 표지를 디자인해준 아이작 토빈Isaac Tobin, 그리고 이 책을 독자들이 읽을 수 있는 수준으로 끌어올려준(진짜다!) 원고 편집자, 제니 프라이Jenny Fry에게도 감사드린다.

이 모든 것을 제외한 최대의 감사는 물론 나의 어머니 머피 무스Muffy Moose에게 드린다. 90살 초반이신 우리 어머니는 지금도 나에게 평생 해 온 말씀을 하신다. "다 뒤집어 놓고 와!"

참고문헌

I부 서론

피터 메다워P. B. Medawar, "과학 논문은 사기인가?Is the Scientific Paper a Fraud?" Listener 70(Sept. 12, 1963), 377-78; reprinted in P. B. Medawar, *The Threat and the Glory: Reflections on Science and Scientists*, ed. David Pyke (New York: Harper Collins, 1990).

L. B. 솔라씨와 M. G. 페레이라L. B. Sollaci and M. G. Pereira, "소개, 방법, 결과, 그리고 토론(IMRAD) 구성: 50년의 설문 조사The Introduction, Methods, Results, and Discussion〈IMRAD〉 Structure: A Fifty-Year Survey" *Journal of the Medical Library Association* 92, no. 3 (2004): 364-67.

제이 시멜J. Schimel, "과학 논문 쓰기: 인용지수가 높고 연구비 지원이 가능한 제안의 작성방법 Writing Science: How to Write Papers That Get Cited and Proposals That Get Funded" (New York: Oxford University Press, 2011).

섬너P. Sumner, 비비안 그리피스S. Vivian-Griffiths, 보이빈J. Boivin, 윌리엄스A. Williams, 베네티스C. A. Venetis, 데이비스A. Davies, 옥든J. Ogden, 웰런L. Whelan, 휴즈B. Hughes, 달튼B. Dalton, 보이F. Boy 그리고 챔버스C. D. Chambers, "건강 관련 과학뉴스와 학술지의 과장성에 대해: 회고적 관찰 연구The Association between Exaggeration in Health Related Science News and Academic Press Releases: Retrospective Observational Study" *BMJ* 2014, 349:g7015, http://www.bmj.com/content/349/bmj.g7015.

존 이오아니디스J. P. A. Ioannidis, "인용지수가 높은 임상 연구의 모순과 첫인상이 강한 효과 Contradicted and Initially Stronger Effects in Highly Cited Clinical Research" *Journal of the American Medical Association* 294, no. 2 (2005): 218-28.

샘플I. Sample, "노벨상 수상자가 최고의 과학 학술지 논문투고를 거부하다Nobel Winner Declares Boycott of Top Science Journals" Guardian, Dec. 9, 2013, http://www.theguardian.com/science/2013/dec/09/nobel-winner-boycott-science-journals.

프랑코A. Franco, 말호트라와 사이몬노비츠N. Malhotra and G. Simonovits, "사회과학의 출판편향: 문서 서랍의 잠금을 풀다Publication Bias in the Social Sciences: Unlocking the File Drawer," *Science* 345 (Sept. 9, 2014): 1502-5.

올슨R. Olson, 말문 트인 과학자Don't Be Such a Scientist: Talking Substance in an Age of Style (Washington, DC: Island Press, 2009).

올슨, 바톤, 그리고 팔레르모R. Olson, D. Barton and B. Palermo, 커넥션: 할리우드 스토리텔링과 비판적 사고의 만남Connection: Hollywood Storytelling Meets Critical Thinking (Los Angeles: Prairie Starfish Productions, 2013).

해리스M. Harris, "페이스북의 창조Inventing Facebook" *New York Magazine*, Sept. 20, 2010, http://nymag.com/movies/features/68319/.

존슨B. D. Johnson, "벤 애플렉이 역사를 다시 쓰다Ben Affleck Rewrites History" *Maclean's*, Sept. 19, 2012, http://www.macleans.ca/culture/movies/ben-affleck- rewrites-history/.

브래드포드A. Bradford와 올맨J. Ollman, 방송 6일 전: 메이킹 사우스 파크6 Days to Air: The Making of South Park (New York: Comedy Central Productions, 2011).

올슨R. Olson, TEDMED 도전의 날들Great Challenges Day 오프닝 발표, April 19, 2013, https://www.youtube.com/watch?v=ERB7ITvabA4.

그래프와 버켄스타인G. Graff and K. Birkenstein, 그들이 말한다, 내가 말한다: 학술연구의 유효한 움직임They Say, I Say: The Moves That Matter in Academic Writing (New York: Norton, 2009).

II부 정립

요크J. Yorke, 숲 안으로: 이야기의 역학과 이야기를 하는 이유Into the Woods: A Five- Act Journey into Story (New York: Overlook Press, 2014).

갓셜J. Gottschall, 스토리텔링 애니멀: 이야기가 어떻게 인간을 만드는가The Storytelling Animal: How

Stories Make Us Human (New York: Mariner Books, 2013).

아리스토텔레스Aristotle, 시학Poetics (New York: Hill and Wang, 1961).

캠벨J. Campbell, 천의 얼굴을 가진 영웅The Hero with a Thousand Faces (New York: Pantheon, 1949).

베이저먼C. Bazerman, 작문 수정Shaping Written Knowledge (Madison: University of Wisconsin Press, 1988).

크리스토프N. Kristof, "세상을 구원하는 니콜라스 크리스토프의 조언Nicholas Kristof's Advice for Saving the World" *Outside*, Nov. 30, 2009, http://www.outsideonline.com/1909636/nicholas-kristofs-advice-saving-world.

하슨U. Hasson, "영화 신경학: 영화의 신경학Neurocinematics: The Neuroscience of Film" *Projections* 2, no. 1 (2008): 1-26.

고프닉A. Gopnik, "마인드리스: 새로운 뉴로-회의론Mindless: The New Neuro- Skeptics" New Yorker, Sept. 9, 2013, http://www.newyorker.com/magazine/2013/09/09/mindless.

터클S. Terkel, 선한 전쟁: 2차 세계대전의 구전 역사The Good War: An Oral History of World War II (New York: New Press, 1984).

왓슨J. Watson, 지루한 사람과 어울리지 마라Avoid Boring People: Lessons from a Life in Science (New York: Vintage, 2010).

왓슨J. Watson, 이중나선: DNA 구조 발견의 기록The Double Helix: A Personal Account of the Discovery of the Structure of DNA (New York: Atheneum, 1968).

카라이바P. Kareiva, "당신의 말을 듣기 원한다면If Our Messages Are to Be Heard" *Science* 327, no. 5961: 34-35.

올슨R. Olson, 바보들의 향연: 똑똑한 디자인 서커스Flock of Dodos: The Evolution- Intelligent Design Circus, (Los Angeles: Prairie Starfish Productions, 2006).

그래프J. Graff, 멍청한 학자: 교육이 어떻게 사람을 멍청하게 만드는가Clueless in Academe: How Schooling Obscures the Life of the Mind (New Haven, CT: Yale University Press, 2004).

윈터할터B. Winterhalter, "인문학의 사망에 대한 섬뜩한 황홀함The Morbid Fascination with the Death of the Humanities" *Atlantic*, June 6, 2014, http://www.theatlantic.com/education/archive/2014/06/the-morbid-fascination-with- the-death-of-the-humanities/372216/.

허쉬 주니어E. D. Hirsch Jr., 문화 소양: 모든 미국인이 알아야 할 것Cultural Literacy: What Every American

Needs to Know (Boston: Houghton Mifflin, 1987).
슬루카M. Slouka, "인간성의 말살: 수학과 과학이 학교를 장악할 때Dehumanized: When Math and Science Rule the School" *Harper's*, January 8, 2015, http://harpers.org/archive/2009/09/dehumanized/.
소칼A. Sokal, "경계를 넘다: 양자 중력에 대한 성서해석의 변화 가능성에 관해Transgressing the Boundaries: Toward a Transformative Hermeneutics of Quantum Gravity" *Social Text* 46/47:217-52.
소칼A. Sokal, "물리학자의 문화 연구 실험A Physicist Experiments with Cultural Studies" *Lingua Franca* May/ June 1996: 62-64.
스노우C. P. Snow, 두 문화와 과학혁명The Two Cultures and the Scientific Revolution (New York: Cambridge University Press, 1959).
라빈저와 콜린스J. A. Labinger and H. Collins, eds., 하나의 문화?The One Culture? (Chicago: University of Chicago Press, 2001).
윌슨E. O. Wilson, 통섭: 지식의 집합체Consilience: The Unity of Knowledge (New York: Vintage Books, 1998).
보글러C. Vogler, 신화, 영웅 그리고 시나리오 쓰기The Writer's Journey: Mythic Structure for Writers (Los Angeles: Michael Wiese Productions, 2007).
스나이더B. Snyder, 흥행하는 영화시나리오의 8가지 법칙Save the Cat! The Last Book on Screenwriting You'll Ever Need (Los Angeles: Michael Wiese, 2005).

III부 반정립

글래드웰M. Gladwell, 블링크: 첫 2초의 힘Blink: The Power of Thinking without Thinking (Boston: Little, Brown, 2005).
글래드웰M. Gladwell, 아웃라이어: 성공 이야기Outliers: The Story of Success (Boston: Little, Brown, 2008).
글래드웰M. Gladwell, "복잡성과 1만 시간의 법칙Complexity and the Ten-Thousand-Hour Rule" *New Yorker*, August 21, 2013.

알다A. Alda, 혼잣말하다가 듣게 된 것들Things I Overheard While Talking to Myself (New York: Random House, 2008).

파커T. Parker, "퍼니봇Funnybot" 사우스 파크South Park, season 15, episode 2 (May 4, 2011).

도브잔스키T. Dobzhansky, 유전과 종의 기원Genetics and the Origin of Species (New York: Columbia University Press, 1937).

도브잔스키T. Dobzhansky, "생물, 분자, 그리고 미생물Biology, Molecular and Organismic" *American Zoologist* 4, no. 4 (1964): 443-52.

포셔B. K. Forscher, "벽돌공장의 카오스Chaos in the Brickyard" *Science* 142 (1963):339.

와인버거D. Weinberger, "알지만, 이해는 못 하는: 데이비드 와인버거의 과학과 빅데이터To Know but Not Understand: David Weinberger on Science and Big Data" *Atlantic*, Jan. 3, 2012, http://www.theatlantic .com/technology/archive/2012/01/to-know-but-not-understand-david-weinberger-on-science-and-big-data/250820/.

파슨스N. Parsons, "엘리베이터 피치의 7가지 요소The 7 Key Components of a Perfect Elevator Pitch" (플랜스)B Plans, http://articles.bplans.com/the-7-key-components-of-a-perfect-elevator-pitch/.

핑크D. Pink, 파는 것이 인간이다To Sell Is Human: The Surprising Truth about Moving Others (New York: Riverhead, 2013).

오리어리C. O'Leary, 엘리베이터 피치의 필수요소: 2분 안에 요점 전달하기Elevator Pitch Essentials: How to Get Your Point Across in Two Minutes or Less (St. Louis: Limb Press, 2008).

민토B. Minto, 민토 피라미드 원리: 글, 생각, 그리고 문제해결의 논리The Minto Pyramid Principle: Logic in Writing, Thinking, and Problem Solving (London: Minto International, 1996).

로드A. B. Lord, 이야기를 노래하다The Singer of Tales (Cambridge, MA: Harvard University Press, 1960).

다니엘F. Daniel, 일상 회화informal talk (edited transcript), Columbia University, School of Arts, Film Division, May 5, 1986, http://www.cilect.org/gallery /news/32/2004-11.pdf.

캠벨K. K. Campbell, 수사학적 행동: 비평적 사고와 말하기, 그리고 글쓰기The Rhetorical Act: Thinking, Speaking, and Writing Critically (Boston: Cengage Learning, 2008).

바우어H. H. Bauer, 과학적 소양과 과학연구의 통념Scientific Literacy and the Myth of the Scientific Method

(Champaign: University of Illinois Press, 1992).
왓슨과 크릭J. Watson and F. Crick, "DNA의 구조A Structure for Deoxyribose Nucleic Acid" *Nature* 171 (April 25, 1953): 737-38.
맥키R. McKee, *Story*: 시나리오 어떻게 쓸 것인가Story: Style, Structure, Substance, and the Principles of Screenwriting (New York: ReganBooks, 1997).
그린A. Greene, 쉬운 영어로 과학논문 쓰는 법Writing Science in Plain English (Chicago: University of Chicago Press, 2013).
스프링어S. Springer, 말쿠스P. Malkus, 보체르트B. Borchert, 웰브록U. Wellbrock, 두덴R. Duden 그리고 세크먼R. Schekman, "조절된 올리고머화로 인해 막 단백질 함량이 시토졸성 꼬리와 독립되게 COPII 베시클에 흡수됨Regulated Oligomerization Induces Uptake of a Membrane Protein into COPII Vesicles Independent of Its Cytosolic Tail" Traffic 15, no. 5 (2014): 531- 45.
삭스J. Sachs, 이야기 전쟁Winning the Story Wars: Why Those Who Tell-and Live-the Best Stories Will Rule the Future (Boston: Harvard Business School Press, 2012).
윙클러M. Winkler, "무엇이 영웅을 만드는가?What Makes a Hero?" (video), TED Ed- Original, http://ed.ted.com/lessons/what-makes-a-hero-matthew-winkler.
수더만P. Suderman, "영화를 부탁해! 2005년에 할리우드를 강타하고 모든 영화를 흡사하게 만든 책Save the Movie! The 2005 Screenwriting Book That's Taken Over Hollywood—And Made Every Movie Feel the Same" Slate, July 19, 2013.
킨C. Keane, 팔리는 시나리오 쓰기How to Write a Selling Screenplay (New York: Three Rivers, 1998).
와이너스미스와 폴크스K. Weinersmith and Z. Faulkes, "표현형 숙주의 기생적 조작, 또는 좀비를 만드는 방법Parasitic Manipulation of Host Phenotype, or How to Make a Zombie" *Integrative and Comparative Biology* 54, no. 2: 93-217.
프리드먼T. Friedman, 뜨겁고 평평하고 붐비는 세계Hot, Flat, and Crowded (New York: Farrar, Straus and Giroux, 2008).
다이아몬드J. Diamond, 총, 균, 쇠Guns, Germs, and Steel: The Fates of Human Societies (New York: Norton, 1997).

IV부 종합

퀘센베리K. A. Quesenberry, "존스 홉킨스가 슈퍼볼 광고에서 찾은 것, 이야기가 섹스를 이긴다Johns Hopkins Finds with Super Bowl Commercials, Storytelling Beats Sex", Johns Hopkins University, Jan. 31, 2014, http://releases.jhu.edu/2014/01/31/johns-hopkins-finds-with-super-bowl-commercials-storytelling-beats-sex/.

카츠Y. Katz, "과학의 스토리텔링에 대한 저항Against Storytelling of Scientific Results" *Nature Methods* 10 (2013):1045.

달스트롬M. Dahlstrom, "비전문 청중을 대상으로 한 과학연구에 서사와 스토리텔링 활용하기Using narratives and storytelling to communicate science with nonexpert audiences" *Proceedings of the National Academy of Sciences* 11 (2014): 13614-20.

레오폴드A. S. Leopold, 케인S. A. Cain, 코탬C. M. Cottam, I. N. 가브리엘슨Gabrielson 그리고 킬볼T. L. Kimball, "국립공원의 야생관리: 레오폴드 보고서Wildlife Management in the National Parks: The Leopold Report" *Crater Lake Institute*, Mar. 4, 1963.

올슨R. Olson, "단순한 이야기꾼을 주목하라: 조쉬 폭스와 〈가스랜드〉Josh Fox and Fracking: Beware the Simple Storyteller" *Benshi Blog*, July 18, 2013.

레브킨A. Revkin, "지구온난화와 지루함의 포학Global Warming and the Tyranny of Boredom" *Dot Earth* (blog), *New York Times*, Oct. 27, 2010, http://dotearth.blogs.nytimes.com/2010/10/27/global-warming-and-the-tyranny-of-boredom/?_r=0.

보야노스키A. Bojanowski, "영화인 랜디 올슨: 기후변화는 지루하다Filmmaker Randy Olson: Climate Change Is 'Bo- ho- horing" *ABC News*, Dec. 26, 2013.

니스벳M. C. Nisbet, 기후변화: 향후 10년의 공론을 위한 명확한 비전Climate Shift: Clear Vision for the Next Decade of Public Debate (Washington, DC: American University School of Communication, 2011), http://www.climateaccess.org/sites/default/files/Nisbet_ClimateShift.pdf.

케네디M. G. Kennedy, 오리어리A. O'Leary, 벡V. Beck, 폴라드K. Pollard 그리고 심슨P. Simpson, "CDC 내셔널의 성병과 에이즈 긴급통화의 급증-안방극장 에피소드와의 관련성Increases in Calls to the CDC National STD and AIDS Hotline Following AIDS-Related Episodes in a Soap Opera" *Journal of*

Communication, June 2004, https://hollywoodhealthandsociety.org/sites/default/files/for-publichealth-professionals/researchand-evaluation/BBHotline.pdf.

네긴E. Negin, "알라 스케어는 진짜였다: 이것은 채소 증오-범죄 운동인가The Alar 'Scare' Was for Real; and So Is That 'Veggie Hate-Crime' Movement" *Columbia Journalism Review*, Sept./Oct. 1996, http://www.pbs.org/tradesecrets/docs/alarscarenegin.html.

핑커S. Pinker, 우리 본성의 선한 천사: 범죄율은 왜 감소했을까Our Better Angels: Why Violence Has Declined (New York: Viking Adult, 2011).

쿤T. Kuhn, 과학혁명의 구조The Structure of Scientific Revolutions (Chicago: University of Chicago Press, 1962).

굴드S. J. Gould, 인간에 대한 오해The Mismeasure of Man (New York: Norton, 1981).

웨이드N. Wade, "인종차별 주장의 진실에 대한 과학자들의 견해Scientists Measure the Accuracy of a Racist Claim" New York Times, Dec. 13, 2011.

밀리안M. Milian, 디지털 시대의 비즈니스와 문화The Business and Culture of Our Digital Lives, *from the L.A. Times* (blog), *Los Angeles Times*, May 3, 2009, http://latimesblogs.latimes.com/technology/2009/05/invented-text-messaging.html.

찾아보기

ㅈ

과학을 아우르는 스토리텔링

초판 인쇄 2020년 9월 20일
초판 발행 2020년 9월 25일

지은이 랜디 올슨
옮긴이 윤용아
펴낸이 조승식
펴낸곳 도서출판 북스힐
등록 1998년 7월 28일 제22-457호
주소 서울시 강북구 한천로 153길 17
전화 02-994-0071
팩스 02-994-0073
홈페이지 www.bookshill.com
이메일 bookshill@bookshill.com

ISBN 979-11-5971-297-5
값 16,000원